# 地壳构造与地壳应力文集(24)

中国地震局地壳应力研究所　编

地震出版社

2012

**图书在版编目(CIP)数据**

地壳构造与地壳应力文集(24)/中国地震局地壳应力研究所编.
—北京:地震出版社,2012.9
ISBN 978 - 7 - 5028 - 4132 - 4

Ⅰ.①地…　Ⅱ.①中…　Ⅲ.①地壳构造—文集　②构造地应力—文集
Ⅳ.①P313.2 - 53

中国版本图书馆 CIP 数据核字(2012)第 201194 号

地震版　XM2542

## 内 容 提 要

本书为中国地震局地壳应力研究所连续性学术论文集的第 24 集。全书包括地震地质、工程地震、地下流体和钻孔应力应变前兆观测等方面的内容。

本书可供地震地质、工程地质、地应力测量技术与应用、地震监测预报和地震救援等领域的人员及有关大专院校的师生阅读。

**地壳构造与地壳应力文集(24)**

中国地震局地壳应力研究所　编

责任编辑:刘晶海
特邀编辑:张宝红
责任校对:庞亚萍

出版发行:　**地震出版社**

北京民族学院南路 9 号　　　　　　邮编:100081
　　发行部:68423031　68467993　　传真:88421706
　　门市部:68467991　　　　　　　传真:68467991
　　总编室:68462709　68423029　　传真:68455221
　　专业图书部:68467982　68721991
　　http://www.dzpress.com.cn

经销:全国各地新华书店
印刷:北京鑫丰华彩印有限公司

版(印)次:2012 年 9 月一版　2012 年 9 月第一次印刷
开本:787×1092　1/16
字数:275 千字
印张:11
印数:0001~1000
书号:ISBN 978 - 7 - 5028 - 4132 - 4/P(4809)
定价:25.00 元

# 编　委　会

# 目　录

# Content

# 汶川余震序列对日月运行的响应

## 马　莉　赵树贤　吴平静

（中国地震局地壳应力研究所　北京　100085）

**摘　要**　地震的发生与日月运行有关联，表现为地震序列对日月运行的周期有响应。为了更加客观全面地把握地震序列的日月运行响应周期，本文定义了一个定量刻画地震序列周期性的指标——周期性指数，通过计算汶川 $M \geqslant 5.0$ 余震序列在不同长度周期的周期性指数，绘制周期性指数——周期图，从中辨识出日月运行的三个响应周期：太阳日周期、准 27 天太阳自转周期和朔望月周期。

## 一、引　　言

研究表明地震的发生与日月运行有关联（范兴川等，2009；赵树贤等，2011），表现为地震序列对日月运行的周期有响应，这些周期包括太阳日周期，朔望月周期和回归年周期。太阳日周期是太阳连续两次经过震中上中天的时间间隔，地震在地方时上的分布规律能反映地震的太阳日周期。众多研究表明，地震在地方时上具有一定的聚集特征（高伟等，1990；高伟等，1996；胡辉等，1999；冯向东等，2005）。月亮是离地球最近的天体，关于地震与朔望月之间的联系也在众多研究中被论述（Shirley JH，1985；Juan Zhao et al.，2000；丁鉴海等，1994；陈学忠等，1998；李丽等，2001；胡辉等，2000）。回归年是指从地球上看，太阳绕天球的黄道一周的时间，即太阳中心从春分点到春分点所经历的时间，地震的回归年周期反映地震在季节上的聚集特征（R. Westaway，2002；M. Ohtake etal.，1999；赵根模等，2001）。

为了更加客观系统地把握地震序列的日月运行响应周期，我们定义了一个定量刻画地震序列周期性的指标——周期性指数，通过计算地震序列在不同长度周期的周期性指数，绘制周期性指数——周期图，就可以从中辨识出日月运行的所有响应周期。余震隶属于主震，又发生在局部地区，其发震的构造条件相对单一，容易突显出日月运行的响应周期。2008 年 5 月 12 日发生的汶川 8.0 级地震属于典型的大陆地震，其余震序列的时空界限清晰，为我们提供了一个理想的研究实例。

## 二、周期性指数

设 $N(N \geqslant 2)$ 个地震 1，2，$\cdots$，$N$ 在长度为 $T$ 周期内的相位为 $0 \leqslant p_1 \leqslant p_2 \leqslant \cdots \leqslant p_N < T$，两个地震 $i$、$j$ 在顺时针方向上构成地震集合 $K_{ij}$，

$$K_{ij} = \begin{cases} \{k \mid i \leqslant k < j\} & i < j \\ \{k \mid k \geqslant i \text{ 或 } k < j\} & i > j \end{cases}$$

$K_{ij}$ 占用相位段 $P_{ij}$

$$P_{ij} = \begin{cases} [p_i \quad p_j) & i < j \\ [p_i \quad T) \cup [0 \quad p_j) & i > j \end{cases}$$

则相位段 $P_{ij}$ 的周期性空震率 $C_{ij}$ 定义为 $P_{ij}$ 的占时率与 $K_{ij}$ 的有震周期占有率之差，即：

$$c_{ij} = \begin{cases} \dfrac{p_j - p_i}{T} - \dfrac{n1}{n} & i < j \\ \dfrac{T - p_i + p_j}{T} - \dfrac{n1}{n} & i > j \end{cases}$$

式中，$n$ 为有震周期数；$n1$ 为有 $K_{ij}$ 中地震的周期数。$c_{ij}$ 在 $[-1, 1]$ 上变化，$c_{ij} > 0$，则 $P_{ij}$ 具有周期性空震能力，称为相对空震段，简称为空震段，且 $c_{ij}$ 愈大，周期性空震能力愈强；$c_{ij} \leqslant 0$，则 $P_{ij}$ 不具有周期性空震能力，称为相对有震段，简称为有震段。

设周期 $T$ 中共有 $M$ 个空震段，第 $m$ 个空震段的周期性空震率为 $c_m$，累加所有空震段的周期性空震率作为周期 $T$ 的周期性指数 $PI$，即

$$PI = \sum_{m=1}^{M} c_m$$

当 $N$ 个地震的相位呈均匀分布或位于同一周期时，$PI = 0$，周期性最弱；当 $N$ 个地震的相位相同且位于不同周期时，$PI = \dfrac{N^2 - 1}{6}$，周期性最强。据此，对周期性指数 $PI$ 进行归一化：

$$PI = \frac{6}{N^2 - 1} \sum_{m=1}^{M} c_m \qquad c \in [0, 1]$$

设 $p$ 为周期 $T$ 的相位点，其周期性空震能力定义为覆盖该点的所有相位段周期性空震能力的最大值 $c(p)$，则

$$c = c(p) \qquad p \in [0, T)$$

为周期 $T$ 的周期性结构。

图 1 示出了 8 个地震分布在不同周期、不同相位上的周期性指数和结构。

# 三、汶川 $M \geqslant 5.0$ 余震序列

2008 年 5 月 12 日，龙门山断裂带发生 8.0 级大地震。根据中国地震台网中心汶川地震目录，截至 2010 年 6 月 1 日为止，共发生 $M \geqslant 5.0$ 余震 78 次。以汶川主震发生时刻作为周期划分起点，以 0.01 天为间隔，计算 0.01 天至 50 天周期汶川 $M \geqslant 5.0$ 余震序列的周期性指数，得到图 2 所示的周期性指数——周期图。从中可看出日月运行的三个甚为明显的响应周期，分别为太阳日周期（1d），准 27 天太阳自转周期（27.48d）和朔望月周期（29.55d），其中，太阳日周期有比其基波强得多的二次谐波成分（0.5d），准 27 天太阳自转周期也有明显的二次谐波成分（13.74d）。它们的周期性指数和周期性结构详见图 3。

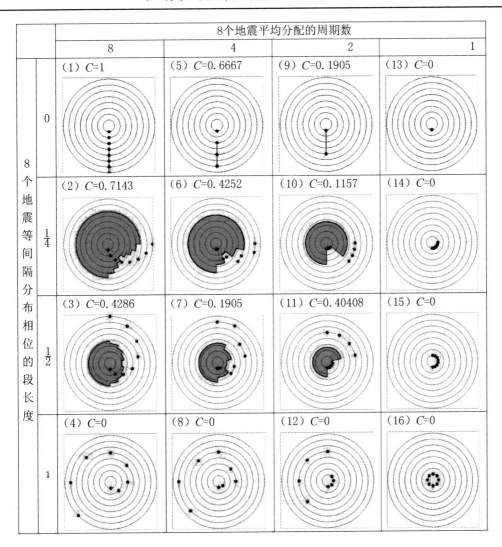

图 1　周期性指数及结构示例图

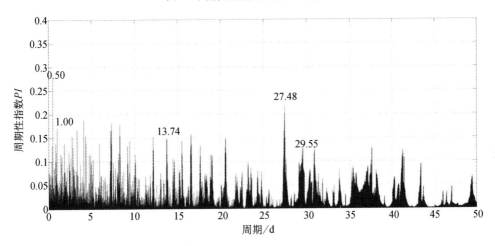

图 2　汶川 $M \geqslant 5.0$ 余震序列周期性指数-周期图

| 响应周期 | 周期性指数 | 周期性结构 |
|---|---|---|

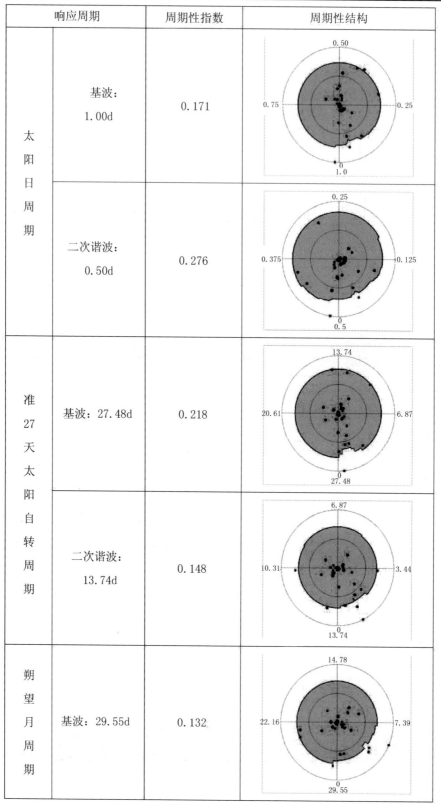

图 3　汶川 $M \geqslant 5.0$ 余震序列周期性结构图

# 四、分析与结论

　　地震的发生与多个日月运行周期有关联，空震比有震更倾向于反映单个周期的特征，为此，我们基于相位段空震能力定义周期性指数来刻画地震序列的周期性。周期性指数累加了所有相对空震相位段的周期性空震能力，因此，它包含了全部的周期性空震信息。

　　汶川 $M \geqslant 5.0$ 余震序列对日月运行的太阳日周期、准 27 天太阳自转周期和朔望月周期有响应。其中，太阳日周期反映的是太阳在震中东西方向上的位置；准 27 天太阳自转周期反映的是地球在太阳经度上的位置；朔望月周期反映的是地球赤道面上日月相对位置的变化。说明，汶川 $M \geqslant 5.0$ 余震的发生与日月运行存在一定的关联性。

## 参 考 文 献

陈学忠，钟南才，丁鉴海 . 1998. 华北地区地震活动的月相效应及其预测意义 . 地震，18（4）：325～330.

丁鉴海，董雪香，戴淑玲 . 1994. 地震活动的月相效应 . 地震，8（4）：7～13.

范兴川，佟旭 . 2009. 探索地震预报尚需关注"天外来客" . 科学中国人，（2）：64～71.

冯向东，魏东平 . 2005. 基于 ISC、SCSN 与 CRN 地震记录的地方时统计特征与频谱分析 . 中国科学院研究生院学报，22（3）：352～358.

高伟，刘蒲雄，许绍燮等 . 1990. 地震与太阳、月亮位置的关系（一）——强震孕育区广义前震序列的某些时间特征 . 地震学报，18（1）：70～77.

高伟，刘蒲雄，许绍燮等 . 1996. 地震与太阳、月亮位置的关系（二）——强震余震序列的某些时间特征 . 地震学报，8（3）：333～339.

胡辉，李晓明 . 1999. 中国大地震的天文特征及未来两年的大震趋势 . 地球物理学进展，14（4）：109～114.

胡辉，王锐，李晓明 . 2000. 日月引潮力与地震 . 云南天文台台刊，（4）：101～104.

李丽，陈颙，张国民 . 2001. 台湾及邻区 $M_b \geqslant 4.0$ 地震受月相调制的时空统计研究 . 中国地震，17（2）：210～220.

赵根模，张恒，任峰 . 2001. 中国地震昼夜分布和季节分布的统计分析 . 地震，21（3）：51～56.

赵树贤，许绍燮，吴平静等 . 2011. 地震发生与日月运行之关联 . 科技导报，29（13）：8～13.

Juan Zhao, Yanben Han, Zhian Li. 2000. Variation of Lunar-Solar Tidal Force and Earthquakes in Taiwan Island of China. Earth, Moon, and Planets, 88（3）：123～129.

M Ohtake, H Nakahara. 1999. Seasonality of Great Earthquake Occurrence at the Northwestern Margin of the Philippine Sea Plate. Pure and Applied Geophysics, 155（2-4）：689～700.

R. Westaway. 2002. Seasonal Seismicity of Northern California Before the Great 1906 Earthquake. Pure and Applied Geophysics, 159（1）：7～62.

Shirley J H. 1985. Shallow moonquakes and large shallow earthquakes: a temporal correlation. Planet. Sci. Lett., 76：241.

# The responses of Wenchuan aftershock sequence to the movement of the Sun and the Moon

## Ma Li　Zhao Shuxian　Wu Pingjing

(Institute of Crustal Dynamics, CEA, Beijing 100085, China)

It has been found that there is a relationship between earthquakes occurrence and the movement of the Sun and the Moon, this relationship shows that the earthquake sequence responds to the periods of the movement of the Sun and the Moon. In order to find these periods objectively and comprehensively, we define a periodicity index which can describe the periodicity of earthquake sequence quantitatively. By calculating the periodicity index of different periods of Wenchuan $M \geqslant 5.0$ aftershock sequence and drawing periodicity index-period curves, it can be found that there are three responding periods: solar day, the quasi 27-day solar rotation period, and synodic month.

# 遥感变化检测技术及其在震害信息提取中的应用

李成龙　　张景发

(中国地震局地壳应力研究所　北京　100085)

**摘　要**　总结了变化检测技术的基本流程，在阅读大量相关文献的基础上，详细介绍了最新的变化检测方法；依据震害类型的不同介绍了变化检测技术在震害遥感信息提取中的应用情况；最后对变化检测技术在震害遥感信息提取中的应用进行了总结和展望。

## 一、引　言

地震作为对人民生命财产有着极大危害的自然灾害之一，具有突发性强和防御难度大的特点。传统的地震灾害损失评估主要依靠人工现场调查，效率低、时效性差，无法满足应急抢险工作及时准确获取地震灾情信息的要求。利用遥感技术进行震害损失评估，具有宏观、广域和快速的特点，能在震害信息调查中发挥重要的作用。由于震害的复杂性，实际的震害评估中应用的遥感图像模式识别方法尚不成熟。通过比较地震前后的遥感图像，可以快速准确地判断震害分布及震害级别。震害遥感变化检测方法被认为是当前用来进行震害评估较有效的方法。

遥感影像变化检测是从不同时期的遥感数据中，定量地分析和确定地表变化的特征与过程(赵英时等，2003)。变化检测通常包含以下四个内容：判断是否发生了变化；确定发生变化的区域；鉴别变化的性质；评估变化的时间和空间分布模式。前两个方面是必须要解决的基本问题。

变化检测方法因其应用的广泛性，发展迅速，目前提出的变化检测方法非常多，各国学者纷纷从不同的角度进行了总结分类。最早的分类是将变化检测分为分类比较法和直接比较法两类(Singh，1989)，还有根据目标对象的分类：基于像素级的变化检测、基于特征级的变化检测和基于目标级的变化检测[①]。目前最新的研究将遥感影像的变化检测方法归结为 7 类(D. Lu et al.，2004)：算术运算法、变换法、分类比较法、高级模型法、GIS集成法、视觉分析法和其他方法。这些分类方法不一定很准确，事实上，很难将一些方法归到某一类，因为有些方法中可能用到几种不同的技术。多项研究与实践证明，目前还没有哪种方法被普遍认为是最优的，由于这些方法大多是在不同的环境下基于不同的用途提出来的，各自具有不同的适用性与局限性。

---

① 佃袁勇.2005，基于遥感影像的变化检测研究，武汉大学硕士学位论文

# 二、变化检测技术流程

无论何种变化检测方法,其基本处理流程都可以归纳为以下三个方面:图像预处理,包括几何校正与图像配准、辐射校正、影像融合等;变化检测方法的选择,如直接比较法、分类后比较法等;变化检测结果精度评定,如定量统计测度、实地踏勘等。

## 1. 图像预处理

几何校正及影像配准、辐射校正等图像预处理对于消除不同时相影像的非变化区域的差别是必要的,可有效防止伪变化信息的产生。

绝大多数变化检测方法都要求多时相遥感影像具有一定的配准精度。Jensen 认为当影像的配准精度达到 0.5 个像素时则可以忽略相对配准误差对变化检测精度的影响(Jensen, 1996);申邵洪(2011)等撰文表明配准误差对每个波段影响不一致,并且,配准误差对高地类复杂度区域检测精度的影响更为明显,易产生更多的伪变化信息。

辐射校正是为了消除和减弱影像间因成像条件不同而造成的灰度差异对变化检测精度的影响,多数情况下采用相对辐射校正法,如直方图匹配、线性回归分析等方法,如果经过几何校正和配准后的遥感影像被置于一个单独的数据集中,被当作一景单独的影像来分类(如分类后比较法),那么在这种情况下,可以不进行辐射校正(Jensen, 1996)。

影像融合是使得处理后的遥感影像既有较高的空间分辨率,又具有多光谱影像特征,达到更好的图像增强效果。Bovolo 等(2010)分析了影像融合时的人工因素带来的误差对变化检测结果的影响程度,定性和定量比较了多种融合方法对变化检测结果的影响,对比分析了基于多光谱影像和融合后影像提取变化检测结果,指出融合质量较好的图像得出的变化检测结果不一定更好,要根据图像的不同谨慎选择融合算法。

## 2. 变化检测方法

下面就按照目标对象的不同,阐述目前变化检测方法的研究进展。

(1)基于像素级变化检测。

基于像元的变化检测主要是通过对比遥感图像各波段上对应像元的辐射值来检测变化信息。这类方法中常见的有经典的图像差值法、比值法、变化向量分析法等。基于像素的分类方法得到的结果比较破碎,无法从根本上摆脱单一光谱信息的局限性。

Malpica 等(2008)利用 RX 算法来检测两个图像间的异常,然后计算差值,从而实现两个时段、多光谱、高分辨率的卫星影像的变化检测。Sasagawa 等(2008)提出了一种基于像素和 DSM 的变化检测算法,在对正射影像进行了预处理之后,将影像分为一些子区域,并对相应的子区域进行最小二乘灰度拟合,然后求出拟合后该区域的灰度与目标区域灰度的差值,以此来判断该区域是否发生变化。Tavakkoli Sabour 等(2008)通过支持向量机(SVM)进行遥感影像分类,并利用多时相 ASAR 数据的分类结果对农业活动进行变化检测。王立民等(2011)提出了一种基于 D-S 证据理论的像素级遥感图像融合检测算法,利用 D-S 证据理论组合多种变化检测算法的差值图,形成更加准确的融合差值图,在此基础上进行二值判决得到最终的变化检测结果。

（2）基于特征级变化检测。

遥感影像的信息除了灰度信息，还包括空间纹理结构信息，这也是影像解译的重要标志。纹理特征是灰度的空间变化特征，是图像中重复出现的局部模式和灰度的规则排列，反映地物群体的空间分布状态和粗糙程度。纹理分为结构性纹理和非结构性纹理。可以通过边缘检测、特征滤波等方法提取相应信息，涉及到的算法有小波分析、马尔可夫随机场分析、邻域统计、共生矩阵、功率谱等。

Andreas Schmitt（2009）在小波变化的二维上做了扩展，提出了快速且稳定的曲波变化检测技术，并在不同尺度、方向和位置上以脊状特征重建原始图像，在曲波空间进行图像变化检测。Hachicha 等（2009）则应用 Dezert. Smarandache 理论进行图像变化检测的探索。陈忠辉等（2011）利用小波变换对原始图像进行多尺度分解，然后利用马氏距离判决函数对不同尺度图像进行变化检测，最后利用马尔科夫随机场将不同尺度变化检测结果进行融合。由于马尔科夫随机场融合方法充分考虑了相邻像素间的相关性和不同尺度检测结果的联系，从而使融合结果更细致和精确。孙文邦等（2011）提出了基于新的二维模糊熵原理的多时相图像变化检测方法，这是一种既考虑到差异图像的统计分布特性，又结合了差异图像各个像元的空间邻域特性，采用模糊熵作为自动分离变化区域的准则，用非监督分类方法从差异图像中分离出变化像素区域。

（3）面向对象变化检测。

面向对象影像分析涉及到三个方面的关键技术：影像分割、影像对象特征定量描述和影像分类。其中，影像分割是至关重要的一步，直接影响着最后地物目标的分类结果和精度，目前最为成功的面向对象影像分割技术是多尺度分割技术。它遵循异质性最小的原则把影像分割成大小不一、包含多个像素的对象，并且每一个对象在具有光谱统计特征（如均值、亮度和标准偏差等）的同时，还具有形状（如边界长、长宽比和形状指数等）、纹理（如灰度共生矩阵）及上下文关系等属性。其中尺度的选择很重要，它直接决定了分类和信息提取的精度高低。

张俊等（2011）从尺度效应入手，根据"类内同质性大，类间异质性大"的分类原则，提出了对象 RMAS（与邻域绝对均值差分方差比）值最大时，对象内部的异质性最小，对象外部的异质性最大，此时的分割尺度为类别提取的最优分割尺度。宋杨等（2011）基于 eCognition 软件的面向对象分析思路对一组快鸟（Quickbird）影像覆盖的实验区进行了绿地利用变化的情况进行检测。张雨霁等（2011）在研究了多种变化检测方法的基础上，提出了基于决策树的面向对象变化信息自动提取的方法过程，并做了相关试验。

综上所述，每种方法都有其各自的优缺点，没有哪一种变化检测方法具有普适性，不同的影像条件、不同的检测要求，所需要选择的变化检测方法不同。

**3. 变化检测精度评价**

变化检测是遥感影像变化信息提取的一种有效手段，也会受到各种误差因素的影响，如遥感器定标误差、成像系统误差、图像预处理过程中产生的误差以及变化检测算法本身带来的误差（如分类误差等），这些误差都会累积到最后的变化检测结果中。因而精度评价可以告知用户变化检测结果的可信度，有利于进行科学研究和进行决策。

王立民等（2011）通过绘制检出率与虚警率性能（ROC）曲线来比较变化检测算法的优

劣。孙文邦等(2011)采用总体检测错误率、变化区域检测错误率和 Jaccard 系数定量分析变化检测方法性能。陈宇等(2011)将变化检测结果当作分类影像，包括变化和不变化两个类别，在原图像上通过选择变化和不变化的测试样本，构造混淆矩阵，并计算总体精度、kappa 系数、漏检率和虚检率，来对不同方法的变化检测结果精度进行比较。

总体上而言，目前变化检测的精度评估主要是基于像素级的，主要源于遥感影像中的精度评估技术，如混淆矩阵、ROC 曲线等，误差矩阵是最常用最成熟的精度评估方法；对长时间序列影像变化检测的精度评估需要加强研究，特别是对缺乏变化真值情况下的精度评估技术有待从新的角度考虑；缺乏特征级的评估方法，面向对象变化检测法与其他变化检测方法的精度评估研究几乎是空白，有待深入研究(周启明，2011)。

# 三、震害信息提取中的变化检测

地震具有突发性和不可预测性，目前遥感技术应用于震害评估主要集中于建筑物及构筑物破坏调查、生命线工程破坏调查以及滑坡、泥石流、堰塞湖等次生灾害调查。在震害信息提取的过程中，不同震害的特征分析是基础。近年来，国内外相关学者的一系列研究，极大推动了遥感震害信息提取相关技术的进步。变化检测技术作为遥感震害评估的有力工具，也得到了很好的发展。如何将变化检测技术与震害信息提取有效结合，发展适应于震害信息特点的变化检测新方法、新思路，是摆在地震研究领域遥感科技工作者面前的一大课题。

## 1. 建筑物及构筑物

构筑物是指房屋以外的工程建筑，人们一般不在其中进行生产生活活动，如围墙、水井、水坝、水塔、烟囱等。根据震后建筑物影像的整体和细部影像特征，特别是房屋整体与屋面结构等影像的几何信息、色调信息等划分，考虑到多种因素的影响，一般将高分辨率震害影像上建筑物的震害分为毁坏和基本完好两大类[1]。

张景发等(2002)以张北地震为例，经精确配准，利用定性显示和定量计算的方法，对地震前后张北地震区的 SAR 图像进行了变化检测处理，确定了村庄建筑物的地震破坏及震害程度，为利用遥感图像检测建筑物的地震破坏进行了有益的探索。窦爱霞等(2003)探讨了利用 SAR 图像和变化检测技术在震害评估中的作用，提出采用单个相关系数空间分布检测地震破坏区域和利用多个相关系数检测建筑物破坏程度的变化检测方法，并以张北地震前后 SAR 图像进行实验，得到满意效果[2]。Andre 等(2003)对高分辨率影像通过比较提取出的建筑物轮廓进行变化检测。Turker 等(2003)融合多光谱与全色影像，通过针对亮度的差值法获取变化的区域。Vander Sande 等(2008)提出了一种借助简单三维建筑物模型来改进二维影像变化检测的方法，将建筑物的变化检测率提高到了 72%。

---

[1]　张磊.2008，遥感震害快速评估关键技术研究，地壳应力研究所硕士学位论文。
[2]　窦爱霞.2003，震害遥感图像的变化检测技术研究，山东科技大学硕士学位论文。

### 2. 生命线工程

道路、桥梁等交通线是抗震救灾的生命线。但是由于地震引起的滑坡、崩塌、泥石流等地质灾害会造成多处公路、桥梁垮塌和阻断，同时滑坡体堵塞河道形成堰塞湖造成道路淹没，使得道路疏通难度很大，救灾车辆、人员和医疗、生活物资迟迟不能进入，严重影响了抗震救灾的进度[①]。

任玉环等(2009)以汶川地震的重灾区北川县为研究对象，利用震前震后的高分辨率遥感影像，通过面向对象的图像分类方法进行道路识别，并通过震前道路识别结果与震后影像的叠加和震前震后道路识别结果的变化检测提取出损毁的路段。

### 3. 次生灾害

地震引发大量的次生灾害(崔鹏等，2008)，主要为滚石、崩塌、滑坡、堰塞湖和泥石流，其中，滚石、崩塌、滑坡成为阻断交通的主要灾害。堰塞湖不仅对上游造成淹没，而且对下游形成巨大的洪水威胁。地震诱发的山地灾害形成灾害链，即崩塌、滑坡→(泥石流→)堰塞湖→溃决洪水或泥石流。次生灾害沿破裂带及两侧密集分布，并随距破裂带的距离增大而急剧减少。震后次生灾害将进入活跃期，崩塌滑坡的活跃期将持续 5～10 年，泥石流的活跃期将持续 10～20 年。

范建容等(2008)以四川省北川县唐家山地区为研究区，利用 2006 年 11 月 10 日的 SPOT 卫星影像数据，依据 NDVI 和地形信息进行耕地识别，辅以少量的人工修正，快速获取灾前耕地分布信息。应用 2008 年 05 月 14 日的 FORMOSAT-Ⅱ 卫星影像数据和 2008 年 06 月 04 日的 ALOS 卫星影像数据，采用人机交互解译快速获取地震诱发的崩塌滑坡、堰塞湖等次生灾害信息。灾前耕地分布信息叠加地震次生灾害数据及影像，进行变化检测，实现耕地损毁的快速评估。

目前，变化检测技术应用于遥感震害信息提取的相关研究较少且不够深入，实际应用中尚无一套比较成熟的方法流程，大多数研究与影像和试验条件紧密相关，普适性较差，与应急工作的时效性要求还有一定差距，发展和改进的空间很大。

## 四、讨论与结论

震害信息有其自身的特点，如何将变化检测技术更好地应用于遥感震害信息的提取，是亟待解决的问题，需要在充分理解震害形成机制和遥感影像特点的基础上有所创新，而不仅仅是将现有的变化检测技术生搬硬套。

本文认为可以在以下几个方面进行努力：

(1)着眼于变化检测所涉及到的各个技术细节，提高图像配准的精度和效率，吸收模式识别理论和数据挖掘技术精华的智能化遥感影像变化检测方法，提高变化检测处理的自动化程度；

---

① 网易新闻.2008，理县至汶川道路由于山体滑坡再次封闭．［EB/OL］．http：//news.163.com/08/0516/12/4CZJPHIMOOO1124J.html.

（2）改造和提高现有的变化检测方法和技术，在完善像素级处理方法的基础上，发展面向对象变化检测技术，这是变化检测技术发展的趋势；

（3）结合震害形成机制，发展适应于震害信息提取的变化检测方法和流程。

相信在对遥感影像特征和目标震害特征深入理解的基础上，遥感变化检测技术应用于震害信息提取必将会趋于实用化，最终达到业务化运行的要求，从而为地震紧急救援工作提供强有力的技术支持。

## 参 考 文 献

陈宇，杜培军，唐伟成等.2011. 基于 BJ-1 小卫星遥感数据的矿区土地覆盖变化检测. 国土资源遥感，3：146～150.

陈忠辉，王卫星，于天超等.2011. 基于多尺度马尔科夫随机场融合的遥感图像变化检测. 四川大学学报（工程科学版），43(5)：104～108.

崔鹏，韦方强，陈晓清等.2008. 汶川地震次生山地灾害及其减灾对策. 中国科学院院刊，4：317～323.

范建容，张建强，田兵伟等.2008. 汶川地震次生灾害毁坏耕地的遥感快速评估方法——以北川县唐家山地区为例. 遥感学报，6：917～924.

任玉环，刘亚岚，魏成阶等.2009. 汶川地震道路震害高分辨率遥感信息提取方法探讨. 遥感技术与应用，24(1)：52～56.

申邵洪，郭信民.2011. 影像配准误差对高分辨率遥感影像变化检测精度影响的研究. 长江科学院院报，28(10)：205～209.

宋杨，李长辉，林鸿等.2011. 基于 eCognition 的绿地利用变化检测应用研究. 城市勘测，5：81～83.

孙文邦，陈贺新，唐海燕等.2011. 基于二维模糊熵的图像非监督变化检测. 吉林大学学报（工学版），41(5)：1461～1467.

王立民，雷琳，邹焕新.2011. 基于 D-S 证据理论的遥感图像融合变化检测方法. 计算机工程与科学，33(7)：50～54.

张景发，谢礼立，陶夏新.2002. 建筑物震害遥感图像的变化检测与震害评估. 自然灾害学报，11(2)：59～64.

张俊，朱国龙.2011. 面向对象高分辨率影像信息提取中的尺度效应及最优尺度研究. 测绘科学，36(2)：107.

张雨霁，李海涛，顾海燕.2011. 基于决策树的面向对象变化信息自动提取研究. 遥感信息，2：91～94.

赵英时.2003. 遥感应用分析原理与方法. 北京：科学出版社.

周启鸣.2011. 多时相遥感影像变化检测综述. 地理信息世界，4(2)：28～34.

Andreas Schmitt，Birgit Wessel，Achim Roth. 2009. Curvelet based change detection for man-made objects from SAR images. IGARSS，1059～1066.

Andre. 2003. Building destruction and damage assessment after earthquake using high resolution optical sensors. The case of the Gujarat earthquake of January 26，2001. 23rd International Geoscience and Remote Sensing Symposium.

Bovolo，Bruzzone，Capobianco et al. 2010. Analysis of the Effects of Pan Sharpening in Change Detection on VHR Images. IEEE Geoscience and Remote Sensing Letters，7(1)：53～57.

Hachicha，F Chaabane. 2009. Application of DSM theory for image change detection. ICIP，3733～3736.

Jensen，John. 1996. Introductory Digital Image Processing. Englewood Cliffs，NJ：Prentice Hall.

Lu et al. 2004. Change Detection Techniques. International Journal of Remote Sensing，25(12)：2365

～2407.

Malpica，M C Alonso. 2008. A method for change detection with multi-temporal satellite images using the RX algoritm，international Archives of Photogrammetry，Remote Sensing and Spatial Information Science，Beijing，China，37：1631～1635.

Sasagawa，et al. 2008. Automatic change detection based on pixel-change and DSM-change，International Archives of Photogrammetry，Remote Sensing and Spatial Information Science，Beijing，China，37：1645～1650.

Singh. 1989. Digital change detection techniques using remotely-sensed data. International Journal of Remote Sensing，10(6)：989～1003.

Tavakkoli Sabour，P Lohmann，U Soergel. 2008. Monitoring agricultural activities using multi-temporal asar envisat data. The International Archives of the Photogrammetry，Remote Sensing and Spatial Information Sciences，Beijing，China，37(B7)：735～741.

Turker，San B T. 2003. SPOT HRV data analysis for detecting earthquake-induced changes in Izmit，Turkey. International Journal of Remote Sensing，24(12)：2439～2450.

Vander Sande，M. Zanoni，B G H Gone. 2008. Improving 2D change detection by using available 3D data，International Archives of Photogrammetry，Remote Sensing and Spatial Information Science，Beijing，China，37：749～755.

# Remote sensing change detection and its application in the field of earthquake damage information extraction

## Li Chenglong　　Zhang Jingfa

(Institute of Crustal Dynamics，CEA，Beijing 100085，China)

In this paper the basic processes of change detection technology are presented. Based on a large number of literatures，multiple new methods for change detection are introduced in detail. According to different earthquake damage category，various applications of remote sensing change detection in the field of earthquake damage information extraction are discussed. Finally the situation and prospect of remote sensing change detection technique for earthquake damage information is summarized.

# 合成孔径雷达图像震害信息提取应用

刘金玉[1,2]　　张景发[2]

（1. 山东科技大学　青岛　266590）
（2. 中国地震局地壳应力研究所　北京　100085）

**摘　要**　合成孔径雷达图像因其具有全天时、全天候和一定的穿透能力等特点，成为抗震救灾遥感信息的十分重要的数据源。且 SAR 图像成像范围大、数据丰富，对于震害信息的提取起着非常重要的作用。虽然 SAR 图像的斜距成像原理使得其解译比光学图像增加了难度，但是也提供了许多光学影像不能提供的信息。本文介绍了几种 SAR 图像提取震害信息的方法及其应用。随着 SAR 影像分辨率的提高，传统的基于像元的 SAR 图像处理方法不能充分利用它的细节信息，所以研究发展 SAR 图像提取震害信息的有效的方法具有重要的意义。

## 一、引　　言

SAR(synthetic aperture radar)图像具有全天时、全天候和一定的穿透能力，能够克服震后的阴雨云雾天气对卫星遥感图像造成的不清晰以及航测受限制等问题(刘斌涛等，2008)，并且其含有强度、相位和极化等多种信息，信息量丰富，已成为抗震救灾遥感信息的重要数据源。随着空间技术的发展，SAR 图像由低分辨率向高分辨率发展，它所提取的信息也从大范围整体化向有针对性的小区域独立个体进行发展；并且其信息模式也由单模式向多模式发展，未来，具有多时相幅度信息、相位信息等多特征的 SAR 图像信息将成为重要的遥感信息源(郭华东等，2010)，这些发展将为震害信息的提取提供更多的有利条件，将会慢慢改善由 SAR 图像提取震害信息所造成的不确定性等问题。本文介绍了部分 SAR 图像处理技术的发展，以及其应用到震害信息提取方面的方法的发展，提出了一些对 SAR 图像应用的思考和总结。

## 二、SAR 图像震害信息提取技术

地震是自然界破坏力最大的灾害之一，其造成的经济损失和人员伤亡非常惨重，因此，地震发生后能够快速、准确地获取震害信息，组织有效的救援工作，是减少灾害损失的有效方法。光学遥感以其速度快、精度高等技术优势在地震灾害救援中发挥越来越重要的作用，尽管光学遥感有很多的优势，但其成像受天气影响严重，在震后难以快速获得高质量的数据。SAR 图像不受天气的影响，加之其斜距成像的特点，能够提供许多光学图像不能提供的信息，随着 SAR 图像分辨率的提高，其能表达的细节信息更加丰富。应用 SAR 图像进行震害解译将成为我们未来研究的重点。

**1. SAR 图像震害处理技术的应用**

20 世纪 90 年代后期，地震灾情调查开始引入 SAR 数据。近几年，国内外 SAR 图像震害处理技术快速发展，尽管光学影像在解译方面有明显优势，但是由于光学图像获取受时间、气候等因素影响严重，使得 SAR 图像震害解译受到更多的重视。SAR 图像成像机理决定其能观测到建筑物侧面信息，并且能够获得震害的高度信息，这些都说明 SAR 图像很适合震害信息的提取，虽然其解译存在一定的难度，但仍有许多国内外研究人员进行了一系列的研究。

国外的 SAR 图像处理技术发展较早，相应的震害处理技术和应用研究也相对成熟，其中，Matsuoka 和 Yamazaki(1998，2000，2002，2008)在近十年的时间里对若干不同地区的地震进行研究，他们主要通过研究分析 SAR 图像的后向散射强度信息或者相位信息与建筑物破坏程度之间的相关性，在经过对 1995 年日本阪神、1999 年土耳其伊兹米特、2001 年印度古吉拉特邦、2003 年伊朗巴姆、2003 年阿尔及利亚布米尔达斯、2007 年印度尼西亚和秘鲁皮斯科等地的地震研究后，提出了一种定量估计建筑物倒塌率的计算方法——线性判别式比值计算法。Yonezawa 和 Takeuchi(2001)对 1995 年日本兵库县南部(Hyogoken-nanbu)地震前后的 ERS-1 SAR 图像的相干性进行研究，发现地震前后的两幅 SAR 图像有明显的失相干性，这种失相干性的大小、分布与地震中地面破坏程度、房屋倒塌情况及其分布状况有明显的关系。

在国内，基于 SAR 数据提取和评估震害信息也较早地开展了，其中张景发等(2002)通过地震前后 SAR 图像相关性、平均灰度差异性分析及平均方差差异性分析，来定量地确定震害等级，并用该方法对张北地震区中等分辨率星载 SAR 卫星图像进行了变化检测，其检测结果与实际野外考察资料核对，精度较高。杨喆等(1999)利用 3m 或 6m 分辨率的机载 SAR 震害影像，获取高烈度区样本单元的房屋毁坏率，快速圈定了极震区。汶川地震后，SAR 图像的应用研究加快了速度，刘斌涛等(2008)利用 COSMO、TerraSAR、RADARSAT 等高分辨率 SAR 数据对"5·12"汶川地震灾害进行检测，提出一种先提取高分辨率纹理信息再进行边缘检测，最后进行 RGB 合成的自动提取受损建筑物的方法。邵芸等(2008)利用多源多时相高分辨率雷达遥感数据，对汶川地震灾区各城镇和次生灾害进行了快速、系统、连续的监测，并根据雷达图像特征对房屋损毁情况、滑坡和堰塞湖的分布与规模等进行了快速定量评估，建立了相应的解译标志。

**2. SAR 图像震害信息提取技术的发展现状**

随着空间技术的不断发展，我们常用的在轨 SAR 卫星 ALOS、ENVISAT/ASAR、RadarSat-2、TerraSAR-X、Cosmo-SkyMed 等的分辨率也在不断提高。为了更好地将 SAR 影像应用到震害提取中，研究人员不断改进震害提取方法。先前，SAR 影像震害提取方法主要是基于像元的影像处理技术，引入基于对象的影像分类技术之后，使高分辨率 SAR 图像的细节信息得到了较好的利用。SAR 影像的解译技术也由基于后向散射强度发展到基于纹理特征。归纳起来，现在的 SAR 影像震害处理技术主要集中在以下几个方面：①SAR 影像的地物目标解译；②SAR 图像变化检测分析；③SAR 图像与光学遥感图像融合分析。

　　不管应用哪种技术进行分析，都需要明确地震中存在的主要震害特征，利用不同特征的不同表象能够较正确地进行信息的提取，所以 SAR 影像震害特征分析也是非常重要的。在震害特征分析的基础上，制定相应的震害评估规则集，结合已有震例资料，可以定量地评估地震的破坏程度。

　　(1)SAR 影像地物目标的解译。

　　SAR 影像应用的早期，由于分辨率不高，工作主要集中在目标识别和区域分割等方面。其中图像分割精度是识别和提取 SAR 图像中不同目标的关键指标。SAR 图像分类的特征包括灰度特征和纹理特征，传统的 SAR 影像处理分析方法主要是基于像元进行的，随着 SAR 影像分辨率的提高，在 SAR 影像上能观测到更多的目标小区域特征，体现了更好的纹理信息，因此，针对 SAR 影像中丰富的纹理信息，提出了基于灰度共生矩阵、分形模型以及不同纹理特征的融合等方法进行目标分析，Dell'Acqua 和 Gamba(2003)利用灰度共生纹理度量值来刻画城区 SAR 图像上不同区域的建筑覆盖密度，从而区分城市中心、居住区和郊区。Dekker(2003)针对城区地图更新，对直方图统计特性、小波能量测度、分形维特征和半变差特征等多种纹理度量值的分类性能进行了定量比较，从中选择出分类性能最佳的几个特征用于 ERS-1 SAR 城区图像分类。实验表明，对多种纹理特征选优能够改善分类效果。朱彩英等(2003)提出用纹理图像亮度阈值法提取 SAR 图像中的居民地，获得与光学遥感图像近似的识别能力。吴樊等(2005)利用灰度共生矩阵计算高分辨率 SAR 图像的纹理特征，通过统计分析选取合适的特征矢量，结合非监督聚类分析提取居民地，得到较好的效果。赵凌君等(2009)提出了一种基于变差函数纹理特征的高分辨率 SAR 图像建筑区提取方法。目标识别方面，Novak 等(1993)提出多分辨率目标检测方法；Benyoussef 和 Delignon(1998)利用匹配滤波器实现目标的检测；Chanin Nilubol 和 OuoeH.pham(1998)利用隐马尔可夫模型完成目标识别。温晓阳等(2009)为了分析汶川震后高分辨率 SAR 图像的城区建筑物特征，基于实际获取的机载 X 波段 SAR 图像，采用电磁模拟方法进行分析和研究。郭华东等(2010)利用宽幅、干涉和极化 3 种模式 SAR 数据对玉树地震进行了协同分析。

　　上述研究，尽管对居民地等目标的提取和分类不是建立在震害信息提取的基础上，但是以上技术都可作为震害信息提取应用的基础技术。由于 SAR 图像数据的复杂性，直接利用目标提取和分类等技术很难准确地评估地震的破坏程度，所以需要结合目视解译的方法科学地提取震害信息。随着技术的不断发展和研究的逐步深入，人工参与解译减少，各种目标提取和分类等方法能够满足震害信息提取的需要将作为研究者努力的主要目标。

　　(2)SAR 图像变换检测。

　　变化检测最主要的体现是两个时期影像像元灰度值的变化，所以利用不同时期的影像进行变化检测就能获得地物的变化信息。变化检测技术是一种相对较为成熟的地震遥感灾情获取技术，变化检测的种类可以根据不同的条件划分：根据是否需要分类可分为直接变化检测和分类后变化检测；根据是否需要先验知识可分为监督变化检测和非监督变化检测；根据变化检测所选取的分析对象可分为面向像素、特征、对象变化检测；根据变化检测选取的时相可分为双时相和多时相变化检测。

对于 SAR 影像的变化检测方法，归结起来主要有：基于简单代数的变化检测，基于图像变换的变化检测和基于图像分类的变化检测。

变化检测方法具有一定的广泛性，近年来国内外学者利用现有的遥感资料，结合变化检测手段对发生的强震灾害中的建筑物进行了大量的研究。与光学影像相比，SAR 影像斜距成像使 SAR 图像上呈现了与光学图像不同的特征，例如：相干斑、阴影、叠掩和透视收缩等。根据 SAR 图像的特征，国外学者提出了一些变化检测的方法：Eric 和 Rignot (1993) 提出的基于 Gamma 假设分布的多时相 SAR 影像的变化检测方法，Bruzzone(2000) 提出对多时相 SAR 差异影像设定阈值确定变化点的检测方法，Bovolo(2005) 提出了基于多尺度小波模型的优化变化检测模型。国内学者对 SAR 图像变化检测的研究进行得较晚，其中主要的变化检测模型有：黄勇等(2005)提出的基于距离函数的 SAR 影像变化检测模型，张军团等(2008)提出的基于二阶统计特征的 SAR 影像变化检测模型。Yanfang Dong 等(2008)和 Jung Hum Yu 等(2008)通过对中低分辨率的 SAR 影像进行变化检测，对汶川地震中形成的堰塞湖等震害信息进行了有效提取。刘云华等(2010)采用 ENVISAT 的 ASAR 作为数据源，利用多时相的雷达数据的幅度图像做比值变化检测，在映秀镇及紫坪铺水库等山区取得了较好的效果；利用相位信息做干涉处理得到的相干图像，经过失相干分析，发现建筑物的破坏等级与相干系数变化指数的大小高度相关。李坤等(2012)针对典型的四类地表变化(堰塞湖、滑坡泥石流、部分倒塌建筑和严重倒塌建筑)分析 SAR 图像灰度和纹理特征的敏感程度，并提出敏感特征向量的概念，以综合利用灰度差值和纹理差值的敏感特征向量作为评判因子，结合主成分分析技术和 K 均值聚类技术，提出了一种基于敏感特征向量的 SAR 图像灾害变化检测技术。

SAR 图像中包含的灰度信息和纹理信息多用来作为变化检测的主要信息，有些区域地震前后的灰度变化不大，而容易受噪声干扰的未发生震害的区域的灰度变化反而更大，因此，基于灰度的变化检测会产生大量的虚警。地震前后纹理信息发生的变化相对比较稳定，变化检测的准确率也更高。

(3)SAR 图像与光学遥感图像融合。

与光学影像相比，SAR 图像成像过程产生相干斑，这在一定程度上降低了对目标的分辨能力，使得对影像的边缘检测、图像分割、目标分类和其它信息提取能力也降低了。光学图像虽然受气候和成像时间的影响较大，但光学图像对地物的光谱信息反应较好，而 SAR 图像对地物的结构信息反应较好，将光学图像与 SAR 图像融合，有利于发挥各自的特点，优势互补，通过信息融合可以获得多层次的观测特征，提高图像解译的精度。

光学与 SAR 的融合是一种使用上的创新，通过这种方法方便了许多解译工作，融合效果的好坏也直接影响到解译的精度，所以，相应的融合方法也在不断的应用中改进。邵永社等(2005)研究了图像融合小波基的选区，并利用提升小波技术分别对 SAR 图像和光学遥感图像进行小波提升分解，对分解后的 SAR 低频分量进行邻域平均，再与光学图像的低频分量进行加权平均；还提出了一种依据斑点噪声特征变化自适应改变融合窗口的方法，提高了 SAR 图像的目标解译和识别能力。李璟旭(2009)对可见光和 SAR 图像进行了特征级融合。Sportouche(2010)提出光学影像与 SAR 影像融合的方法，主要用于分析三维建筑物结构的不同独立结构上。

光学图像和 SAR 图像融合应用到震害信息提取上，如图 1 所示，安立强等（2011）[1] 将震后 SAR 图像与震前光学图像融合，使 SAR 图像加入了光谱信息，增强了视觉效果，提高了解译的速度和精度。

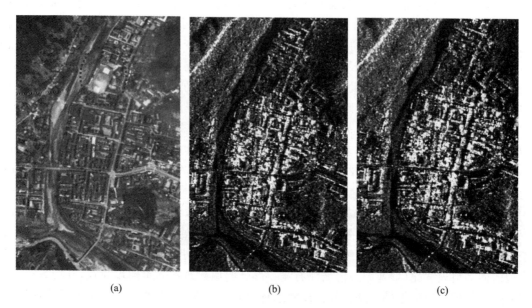

(a)                    (b)                    (c)

图 1　震后 SAR 影像与震前光学影像融合
（a）震前 Sopt 影像；（b）震后 SAR 影像；（c）融合影像

# 三、结论与讨论

SAR 图像进行实际震害信息的提取应用还是比较少的，要想广泛的应用还存在着许多的问题和需要改进的地方。

（1）目前，利用 SAR 影像进行地震灾情解译的研究还是比较缺乏的，所以并没有建立比较正规的震害影像特征规则集，只是有些研究者总结了部分 SAR 图像的震害特征；未来，建立统一或者规范的 SAR 影像震害特征规则集，将既能够提高应用的速度，也能够起到规范的作用。

（2）SAR 图像预处理的好坏直接影像解译的精度，所以选择合适的 SAR 图像预处理技术是非常关键的。

（3）合成孔径雷达特有的成像原理，使得 SAR 图像呈现了不同于光学图像的特征，例如相干斑、阴影、叠掩和透视收缩等，虽然这些特征在一定程度上影响了目标解译识别，但是充分利用这些特征反而能够获得光学图像不能提供的信息。

---

① 安立强. 2011. 基于 SAR 影像的震害信息提取方法研究. 地壳应力研究所硕士学位论文.

（4）SAR 影像与光学影像融合能够取得较好的成果，这告诉我们，不应该只是单纯地利用 SAR 图像进行震害信息提取，应该多结合 GIS、地面调查资料以及 Lidar 测绘资料等相关数据资料，这样也能够提高震害信息提取的速度和精度。

本文简单介绍了 SAR 图像应用的发展，尤其是 SAR 图像在地震灾害目标识别中的应用，发现 SAR 图像能够反映比较详细的地物细节信息，但是由于 SAR 图像成像的特殊性造成了 SAR 图像解译具有一定的难度和不确定性，所以，SAR 图像震害应用并不是很广泛，这就需要我们在将来的研究学习中寻找好的处理方法，降低 SAR 图像因成像造成的解译难度。充分发挥 SAR 图像的优势。

## 参 考 文 献

郭华东，王心源，李新武等．2010．多模式 SAR 玉树地震协同分析．科学通报，55(13)：1195～1199.

黄勇，王建国，黄顺吉．2005．基于图像分割的 SAR 图像变化检测算法及实现．信号处理，21(2)：149～152.

李璟旭．2009．可见光与 SAR 图像的特征级融合．计算机工程与应用，24：178～179.

李坤，杨然，王雷光等．2012．基于敏感特征向量的 SAR 图像灾害变化检测技术．计算机工程与应用，48(3)：24～28.

刘斌涛，陶和平，范建容等．2008．高分辨率 SAR 数据在 5.12 汶川地震灾害监测与评估中的应用．山地学报，26(3)：267～271.

刘云华，屈春燕，单新建等．2010．SAR 遥感图像在汶川地震灾害识别中的应用．地震学报，32(2)：214～223.

邵永社，李晶．2005．一种抑制 SAR 图像斑点噪声的图像融合方法．计算机工程与应用，44(6)：82～84.

邵芸，官华泽，王世昂等．2008．多源雷达遥感数据汶川地震灾情应急监测与评价．遥感学报，12(6)：865～870.

温晓阳，张红，王超．2009．地震损毁建筑物的高分辨率 SAR 图像模拟与分析．遥感学报，13(1)：169～176.

吴樊，王超，张红．2005．基于纹理特征的高分辨率 SAR 影像居民区提取．遥感技术与应用，20(1)：148～152.

杨喆，任德凤．1999．利用机载 SAR 震害影像特征快速圈定极震区．地震地质，21(4)：452～458.

张景发，谢礼立，陶夏新．2002．建筑物震害遥感图像的变化检测与震害评估．自然灾害学报，11(2)：59～64.

张军团，林君．2008．基于二阶灰度统计特征的 SAR 图像变化检测．吉林大学学报（信息科学报），26(5)：536～541.

赵凌君，高贵，匡纲要．2009．基于变差函数纹理特征的高分辨率 SAR 图像建筑区提取．信号处理，25(9).

朱彩英，蓝朝桢，靳国旺．2003．纹理图象亮度阈值法提取 SAR 图象居民地．中国图象图形学报，8(6)：616～619.

Benyoussef L，Delignon Y．1998．An optimal matched filter for target detection in images distorted by noise. IGARSS98：1000～1003.

Bovolo F．2005．A Detail-Preserving Scale-Driven Approach to Change Detection in Multitemporal SAR Images. IEEE Transactions on Geoscience and Remote Sensing，43(12)：2963～2972.

Bruzzone L. 2000. A minimum-cost thresholding technique for unsupervised change. International Journal of Remote Sensing, 21(18): 3539～3544.

Chanin Nilubol, Ouoe H Pham. 1998. Translational and rotational invariant hidden Markov model for automatic target recognition, SPIE, 3374: 179～185.

Dekker R J. 2003. Texture analysis and classification of ERS SAR images for map updating of urban areas in the Netherland. IEEE Transactions on Geoscience and Remote Sensing, 41(9): 1950～1958.

Dell'Acqua F, Gamba P. 2003. Discriminating urban environments using multiscale texture and multiple SAR images. IEEE Workshop on Advances in Techniques for Analysis of Remotely Sensed Data, Washington DC, USA.

Eric J, Rignot M. 1993. Change Detection techniques for ERS-1 SAR data. IEEE. Transactions on Geoscience and Remote Scnsing. (31)4: 896～906.

Jung Hum Yu, Linlin Ge. 2008. Change detection from alos/palsar imagery for the 2008 Chinese Wenchuan earthquake. 29th Asian Conference on Remote Sensing. Colombo, Sri Lanka: 1～6.

Masashi Matsuoka, Fumio Yamazaki. 2002. Application of the damage detection method using SAR intensity images to recent earthquakes. IGARSS: 1～4.

Matsuoka M, Yamazaki F. 1998. Identification of damaged areas due to the 1995 Hyogoken-Nanbu earthquake using satellite 0ptical images. Proceedings of the 19th Asian Conference on Remote Sensing, Q9. Philippines: 1～6.

Matsuoka M, Yamazaki F. 2000. Use of interferometric satellite SAR for earthquake damage detection. Proc. 6th International Conference on Seismic Zonation, EERI, CD-ROM: 1～4.

Novak L M, Burl M C, Irving W W. 1993. Optimal polarimetric processing for enhanced target detection. IEEE. Trans. on Aerospace and Electronic System, 29(1): 36～45.

Sportouche H, Tupin F, Denise L. 2010. Building detection and height retrieval in urban areas in the framework of high resolution optical and sar data fusion. IEEE Transactions on Geoscience and Remote Sensing, 2010. IGARSS10. Proceedings, July.

Yamazaki F, Daisuke Suzaki, Yoshihisa Maruyama. 2008. Use of Digital Aerial Images to Detect Damages Due to Earthquakes. The 14th World Conference on Earthquake Engineering. China: Beijing: 1～8.

Yanfang Dong, Qi Li, Aixia Dou. 2008. Extracting damages caused by the 2008 $M_S$ 8. 0 Wenchuan earthquake from SAR remote sensing data. Journal of Asian Earth Sciences. in press.

Yonezawa C, Takeuchi S. 2001. Decorrelation of SAR data uban damages caused by the 1995 Hyogoken nanbu earthquake. International Journal of Remote Sensing, 22(8): 1585～1600.

# Application of SAR Image in seismic disaster information extraction

## Liu Jinyu[1,2]　　Zhang Jingfa

(1. Shandong University of Sciance and Technology, Qingdao 266590, Shorday China)

(2. Institute of Crustal Dynamics, CEA, Beijing 100085, China)

SAR remote-sensing instruments with the capabilities of all weather and all day/night, penetration, and terrain detection become the important data source. Because of its wider imaging range and plentiful data, it also plays an important role in information extraction. SAR is imaged in oblique distance and this kind of imaging method makes interpretation harder than optical image. But this kind of method makes SAR images have a lot of information that optical images don't have. With the resolution improvement the traditional pixel-based SAR image processing method can't make full use of its detail information. So the study on the development of SAR image extracting seismic disaster information and effective method has important significance.

# 面向对象在遥感震害信息提取中的应用

## 刘明众[1,2]　张景发[2]　龚丽霞[2]

(1. 山东科技大学　青岛　266590)

(2. 中国地震局地壳应力研究所　北京　10085)

**摘　要**　地震灾害的破坏性不言而喻，应用遥感技术快速地获取震害信息，给救援工作提供决策依据显得极为重要。长期以来基于像元的影像解译方法已不能满足震害评估技术的发展和实际需要，而近年来提出的面向对象则被证明更精确有效，也能更好地适应高分辨率遥感技术的发展趋势。本文简述了国内外采用面向对象对遥感影像进行震害信息提取的研究进展，总结了其研究现状并对现存问题进行了分析，结合面向对象技术的特点给出了几点建议，最后分析了发展趋势。

## 一、引　言

近些年来，地震灾害频发，给人们的生命财产安全带来了毁灭性的破坏。然而地震具有突发性和难以预测性，这就要求我们在地震发生后，及时获取灾情信息、快速准确地给予评估并制定出救援方案，以此来减轻震害。长期以来，地震灾害信息的获取主要依靠人工实地勘测，这种方法获取的数据精度和置信度高，但存在着工作量大、时效性差、费用高等不足(柳稼航等，2004)。

伴随着遥感技术的发展、遥感平台的增加、影像成本的不断降低，遥感技术已成为震害调查、损失评估的重要方法。遥感震害信息提取方法也逐步从目视解译发展到基于像元，再到面向对象。作为最原始的人工提取方法，目视解译法准确度高，但其解译周期长、工作量大、且需要具有专业知识背景的人员，很大程度上限制了灾情获取的速度和精度；传统基于像元的震害信息识别方法只考虑单个像元点自身的特征，没有将相关地物的其他属性(形状、纹理、结构、关系等)考虑到识别分类当中，这严重制约了构筑物、道路等震害信息的提取。自从 1999 年 9 月美国成像公司成功发射 IKONOS 卫星后，拉开了高分辨率卫星的序幕，QuickBird、WorldView 等卫星相继发射，这预示着遥感技术步入了多元化、高分辨率时代。显然，以上两种提取方法已不能适应技术的发展和实际的需求，面向对象技术应运而生。基于此，本文从面向对象发展历程及其在震害中的应用展开讨论，总结了目前的研究现状，并提出自己的观点。

## 二、面向对象的发展历程

遥感震害信息提取主要是通过遥感图像的变化检测和分类方法进行，包括对震前和震后遥感影像进行对比分析，或者是直接从震后影像中提取震害信息(陈文凯等，2008)。

在很长一段时间内：人们均是利用基于像元的图像处理方法提取震害信息，它是对单个影像像元或邻近像元进行单独处理，主要利用光谱特征，很少考虑到场景信息，在很大程度上影响了信息提取的精度。随着遥感技术的发展，影像分辨率不断提高，并包含了丰富的光谱信息，传统基于像元的处理方法已不能适应高分辨率遥感影像的发展趋势，造成了资源的浪费。这就需要一个新方法来解决，而面向对象就是一个技术，它将特征相似的像元集作为一个目标影像对象，分析各个目标影像对象的光谱、空间、纹理等信息的特征差异，依此来对各个影像对象进行受损或未受损的分析分类。该方法能够充分利用高分辨率的全色和多光谱数据的空间、纹理和光谱等信息来分割和分类的特点，以高精度的分类结果或者矢量输出来实现目标地物的特征提取和震害识别，是遥感信息提取中一种新方法(李方方等，2011)，明显优于前一种处理方法。

其实早在 20 世纪 70 年代，面向对象的影像分析思想就已经提出并且应用于遥感影像的解译中，如 Ketting 等于 1976 年首次提出了同质性对象提取的概念，并提出了一种分割算法称为 ECHO(Extractionand Classification of Homogenous Objeets )；Baatz 等于 2000 年针对高分辨率遥感影像的特点，提出了面向对象的遥感影像分类方法[①]。而随着面向对象影像分析技术研究的不断深入，研究范围也越来越广，包括影像对象层次和影像分割尺度、影像分割算法、面向对象变化检测和影像分析结果的精度评价等。与此同时，面向对象影像分析技术在众多行业中也得到了广泛的应用，并形成了一系列软件体系，其中比较成熟的有德国 Definiens 公司的 eCognition、美国 Overwatch System 公司的 Feature Analyst。此外，美国 ERDAS 公司 ERDAS IMAGINE 遥感图像处理软件的 Objective 模块、美国 ITT 公司 ENVI 遥感图像处理软件的 Feature Extraction(特征提取)模块、加拿大 PCI 公司 PCI GEOMATICA 软件的 FeatureObjeX 模块均实现了面向对象分类(赵福军，2010)。

## 三、研　究　现　状

较之于传统的震害信息提取方法，采用面向对象法更符合人们的思维模式，其提取结果也更精确，是当前的一个研究热点。

面向对象影像分析过程分为两大阶段：对象生成(影像分割)与信息提取(影像分类)。对象生成就是采用多尺度分割技术生成同质性对象的过程，它是进行分类识别和信息提取

---

① 汪求来．2008．面向对象遥感影像分类方法及其应用研究．南京林业大学学位论文．

的必要前提①；信息提取则是基于模糊逻辑分类的思想，建立特征属性的判定规则体系，计算出每个对象属于某一类别的概率，达到分类识别和信息提取的目的。

### 1. 影像分割

目前已发展了很多影像分割算法(Haralick and Shapiro, 1985)，大体可以分为三大类：①阈值化分割方法；②基于边缘分割方法；③基于区域分割方法。阈值化分割方法是最简单的分割方法，主要适用于简单图像；基于边缘分割的最常见问题是在没有边缘的地方出现边缘以及在实际存在边缘的地方没有出现边缘；基于区域分割的方法是目前最常用的影像分割方法，又可分为区域增长、分开-合并等方法(黎小东等，2010)。随着新技术、新理论的发展，一些新的图像分割算法也随之出现，但这些分割算法都是针对某一类型图像、某一具体的应用问题而提出的，并没有一种适合所有图像的通用分割算法。

面向对象遥感震害信息提取使用多尺度分割实现影像的分割，它遵循异质性最小的原则把影像分割成大小不一、包含多个像素的对象，并且每一个对象在具有光谱统计特征(如均值、亮度和标准偏差等)的同时，还具有形状(如边界长、长宽比和形状指数等)、纹理(如灰度共生矩阵)及上下文关系等属性。其中尺度的选择很重要，它直接决定了分类和信息提取的精度。不少学者就分割尺度问题进行了研究，其中典型的有：黄慧萍②提出了均值方差法和最大面积法进行最优尺度选择，对于高分辨率影像，该方法能同时确定影像中多种地物类别的最优分割尺度；张俊等(2011)从尺度效应入手，根据"类内同质性大，类间异质性大"的分类原则，提出了对象RMAS(与邻域绝对均值差分方差比)值最大时，对象内部的异质性最小，对象外部的异质性最大，此时的分割尺度为类别提取的最优分割尺度。

### 2. 信息提取

遥感震害信息的提取从方法上可分为影像分类和变化检测；而从震害类型上可分为对直接灾害、次生灾害和间接灾害的提取，其中直接灾害又包括建筑物的破坏和倒塌、生命线的损毁等。

目前的一个研究现状是大多只关注建筑物(尤其是民用住宅)的破坏和倒塌情况，对于严重影响震后应急救援的典型地面交通线路的损毁情况、造成重大危险和破坏的典型次生灾害情况研究较少。

(1)建筑物震害信息提取。

THuy Vu等(2005)采用面向对象分类方法中的多尺度分割后进行聚类分析并对伊朗巴姆地震后的QuickBird影像进行了实验，提取了完好建筑物与破坏建筑物的信息。Turker M.等(2008)利用震后影像未损坏房屋的阴影和震前房屋边界线做对比从而评估受损率。黎小东等(2010)对汶川地震中汶川主城区高空间分辨率遥感影像首先通过影像分割将影像划分为互不相交的影像对象，然后根据这些影像对象的影像特征如光谱平均值、比率(Ratio)、亮度值(Brightness)、形状指数(S)、Homogeneity指数、面积特征A等进行分类，提取出破坏建筑物和未破坏建筑物，如图1所示。吴剑(2010)基于Definiens软件实

---

① 吴剑.2010.基于面向对象技术的遥感震害信息提取与评价方法研究.武汉大学博士学位论文.

② 黄慧萍.2003.面向对象影像分析中的尺度问题研究.中国科学院研究生院硕士学位论文.

（a） （b）

⬤ 基本完好建筑物　　　⬤ 受损建筑物　　○ 背景

图1　1m分辨率航空影像（a）及分类结果（b）（据黎小东，2010）

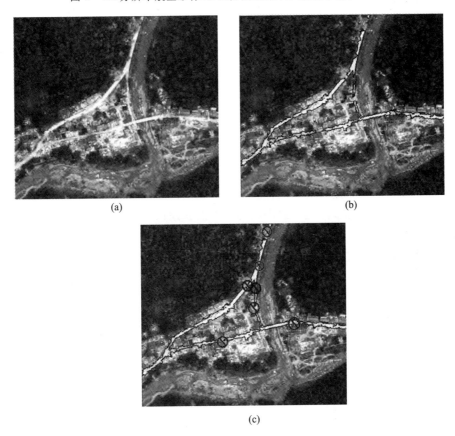

（a） （b）

（c）

图2　汶川地区道路震害信息识别结果（据王艳萍，2010）

（a）原图；（b）提取出的道路矢量信息；（c）道路受损识别结果

现了面向对象的震害损毁建筑物的提取。整个提取流程"自上而下"分为三层，针对不同目标对象的特征，采取不同的分割尺度(从大到小)，分别从地物的光谱、形状、纹理等属性特征出发，建立各自的模糊判定规则，具有很强的针对性。

(2)道路震害信息提取。

唐伟等(2008)利用面向对象的影像分割技术得到道路均值对象，然后挖掘高空间分辨率遥感影像中描述道路的光谱特征、几何特征及纹理特征，构建道路对象的知识库，实现了城郊重要道路信息的提取。任玉环等(2009)以汶川地震中北川县为例，利用面向对象的图像分类方法进行道路识别，并通过震前道路识别结果与震后影像的叠加和震前震后道路识别结果的变化检测提取出损毁的路段。王艳萍等(2010)通过综合利用道路的多种影像特征及震前GIS矢量来提取道路并识别震害信息，结果如图2所示。

(3)其他次生灾害信息提取。

对于其他地震次生灾害的提取研究较少：吴剑(2010)在其博士论文中基于坡度、植被覆盖变化率、亮度值和形状指数等信息对滑坡进行了提取。赵福军[①]以汶川地震为例，详细总结并分析了滑坡、崩塌、泥石流、堰塞湖等典型地震次生灾害在多种遥感影像上的影像特征，得出地物的空间关系特征是识别次生灾害的重要依据，并以此给出了典型次生灾害识别的推理规则。安立强等(2011)利用汶川地震前后的福卫二号卫星等数据进行研究，使用面向对象方法对北川附近灾情进行了变化检测分析；并结合DEM数据对唐家山堰塞湖漩坪乡区域震后初期的水体面积和蓄水增量进行了分析。在此基础上，总结了提取地震次生灾害的关键技术和工作流程。

# 四、存在的问题及几点建议

通过上节的例证，我们看出：应用面向对象技术提取震害信息效果显著，尤其是对高分辨率遥感影像，该方法具有明显的优势。但其在解译过程中也存在不少问题，大体可分为以下五个方面，针对每个问题，给出了相应的改进建议。

(1)分割尺度及最优尺度的确定。

多尺度分割是面向对象信息提取技术的基础，其关键是最优尺度的选定，它需要从地物空间特征、影像分辨率和提取任务等多个角度综合考虑。目前普遍存在的一种分割模式就是耗费大量的时间进行数据试验来确定分割系数，且分割结果的好坏主要依靠主观判断。为此，提出划定感兴趣区域并实时预览分割效果从而保证以最少的时间选定分割系数，使尺度达到最优化，进而保障信息提取的准确性。

(2)软件的自动化级别。

目前，基于对象的专业遥感信息处理软件较少，eCognition作为第一个面向对象软件，无疑成为了广大学者热捧的对象。人们纷纷以该软件为载体对震害提取进行了研究，并取得了很好的成效。还有一部分人结合GIS开发出了适合某一特定应用(道路、建筑物

① 赵福军.2010.遥感影像震害信息提取技术研究.中国地震局工程力学研究所硕士学位论文.

等)的模块，成果显著。但是，这两者共同存在的一个问题是自动化程度不高，需要大量的人工参与，以后的一个研究重点就是从人工解读、人机交互向自动化的转变，可根据每类遥感影像设置一些经验参数，简化操作流程，实现较高的自动化级别。

（3）时效性、综合性。

地震救援工作强调时效性，越早地对受灾情况给出可靠的分析就能越多地减少损失，然而从目前研究成果来看，缺乏快速有效获取震害信息的平台和方法；另外一个问题就是提取信息的单一性，很多研究只是针对于某一类震害信息如建筑物、生命线、次生灾害等，我们需要结合地震破坏机理和遥感影像特点，制定相应的提取震害信息预案，并尝试规范震害信息的标准，给出一套完整高效的提取流程。

（4）精度判别方法。

对于遥感震害信息提取的精度，目前大多采用和实地调查、人工图像解译以及传统基于像元法的提取结果进行比较，其可靠性要受到前三者本身精度的限制。

另外，遥感震害信息提取目前还主要是定性研究，定量化研究比较少。虽然我国学者做过一些类似的研究工作，如：王晓青等(2009)提出了遥感震害指数的概念和定量分析的基本模型，以都江堰城区的建筑物震害为例，把建筑物遥感震害指数和地面调查震害指数做了统计分析，建立了两者之间的回归关系，进行了震害信息遥感定量化的初步研究，但是并没有将这种反演(回归)的模型通过遥感影像进行空间域上的直观表达(吴剑，2010)。这就需要我们从遥感影像本身出发，利用数学统计模型或者物理模型将遥感信息与目标参量联系起来，建立关联来定量反演或者推算出震害信息中的目标参量。

（5）结合其他交叉学科优化性能。

任何一个技术都不是孤立的，要善于结合其他学科的优势，例如在道路、河流灾害信息的提取中，可以结合 GIS 矢量信息快速方便地查看变化信息；还可以利用 GPS 实现精确定位。Lidar 技术在获得精确的三维信息方面有很好的优势，结合这一技术，可验证提高提取精度的可靠性(Ejaz Hussain 等，2010)。

# 五、结　论

在地震灾害应急救援中，快速提取震害信息，正确评估灾害损失具有重要的意义。多年来，人们经过不懈的努力和探索，取得了较大的成效，将面向对象思想融入震害信息提取便是其中之一。然而经过上面的讨论，发现该方法仍有许多问题亟待解决。未来的震害信息提取工作必将朝着定量化、自动化的方向发展，今后的研究应充分发挥高空间分辨率遥感技术的优势，结合面向对象，从震害机理、破坏特点出发，总结各种震害地物特征形成特征库，引入新思路、新算法，合理使用一定的辅助工具，提炼出一套完整并具地震行业特色的体系，实现震害信息快速精确的提取，使遥感技术在地震应急救援中发挥更加重要的作用。

# 参 考 文 献

安立强，张景发，赵福军. 2011. 汶川地震次生灾害提取——面向对象影像分类技术的应用. 自然灾害学报，20(2)：159～167.

陈文凯，何少林，张景发等. 2008. 利用遥感技术提取震害信息方法的研究进展. 西北地震学报，30(1)：88～93.

李方方，马超，张桂芳等. 2011. 面向对象分类的震区建筑物损害快速评估. 河南理工大学学报(自然科学版)，30(1)：55～60.

黎小东，杨武年，刘汉湖等. 2010. 面向对象的高空间分辨率遥感影像城市震害房屋信息提取——以汶川大地震为例. 《测绘通报》测绘科学前沿技术论坛文集：1～7.

柳稼航，杨建峰，魏成阶等. 2004. 震害信息遥感技术历史、现状和趋势. 自然灾害学报，13(6)：46～47.

任玉环，刘亚岚，魏成阶等. 2009. 汶川地震道路震害高分辨率遥感信息提取方法探讨. 遥感技术与应用，24(1)：52～56.

唐伟，赵书河，王培法. 2008. 面向对象的高空间分辨率遥感影像道路信息的提取. 地球信息科学，10(2)：257～262.

王晓青，王龙，章熙海等. 2009. 汶川8.0级地震震害遥感定量化初步研究——以都江堰城区破坏为例. 地震，29(1)：174～181.

王艳萍，姜纪沂，林玲玲. 2010. 高分辨率遥感影像中道路震害信息的识别方法. 图形、图像、模式识别：1～7.

张俊，朱国龙，李妍. 2011. 面向对象高分辨率影像信息提取中的尺度效应及最优尺度研究. 测绘科学，36(2)：107～109.

Ejaz Hussain, Serkan Ural, KyoHyouk Kim et al. 2011. Building Extraction and Rubble Mapping for City Port-au-Prince Post-2010 Earthquake with GeoEye-1 Imagery and Lidar Data. Photogrammetric Engineering & Remote Sensing. 77(10)：1012～1015.

Robert M Haralick, Linda G Shapiro. 1985. Image Segmentation Techniques. Computer Vision，Graphics and Image Processing，29：100～132.

T Thuy Vu, Masashi Matsuoka, Fumio Yamazaki. 2005. Preliminary results in development of an objec—based image analysis method for earthquake damage assessment. 3rd International Workshop on Remote Sensing for Postdisaster Response. Chiba，Japan：1～8.

Turker M Sumer E. 2008. Building-based damage detection due to earthquake using the watershed segmentation of the post-event aerial images. International Journal of Remote Sensing，29(11)：3073～3089.

# Application of Object-oriented Method for Extracting Seismic Disaster Information Using Remote Sensing Images

## Liu Mingzhong[1,2]　　Zhang Jingfa[2]　　Gong Lixia[2]

（1. Shandong University of Science and Technology，Qingdao 266590，Shandong，China）

（2. Institute of Crustal Dynamics，CEA，Beijing 100085，China）

The damage induced by an earthquake is obvious，so it's important to use remote sensing technology to quickly obtain seismic disaster information，and facilitate decision making for the rescue work. In a long time，people interpret images with pixel-based method，but it is unable to meet the technology development and practical needs. However，the object-oriented method is proved more efficient，and also consists with the development trend of high resolution remote sensing technology. This paper describes domestic and international researches on using of object oriented method to extract seismic disaster information，summarizes the present research situation and put forward the existing problems，gives some suggestions based on the characteristics of object-oriented technology，and finally analyzes the development trend of object-oriented method in extracting seismic disaster information.

# 三维激光扫描技术在震后地面三维重建中的应用

宿渊源[1,2]　　张景发[2]

(1. 中国地质大学　武汉　430074)
(2. 中国地震局地壳应力研究所　北京　100085)

**摘　要**　近年来，三维激光扫描技术以其主动性、高精度、高效性等特点在文物保护、地形量测、城市规划、电力交通、生态环境等方面得到了广泛的应用，但是其在地震方面的相关工作和研究还处于起步阶段。本文主要综述了三维激光扫描技术的原理以及其在震后三维重建以及分析中的一些应用，包括地震应急、活动构造信息提取、倒塌建筑物识别分类、次生灾害监测，如滑坡、堰塞湖等；介绍了国内外机载和地面三维激光扫描系统在地震领域应用的发展和现状，提出了亟待解决的问题。

## 一、引　言

近年来，世界上大地震灾害频繁发生，给当地人民的生命和财产安全造成了巨大的损失。地震之后，如何迅速地响应、获得震区的第一手真实资料、为救援提供及时有效的依据、减轻次生灾害的发生成为了亟待解决的问题。由于灾区一般地形、气象条件复杂，缺乏现势性的地形数据，为救援增加了难度(姚春静等，2008)。随着遥感技术的发展，遥感影像时间分辨率、空间分辨率、光谱分辨率的提高，各种遥感影像广泛地应用于震后救援以及重建中，作为遥感技术中新生事物的三维激光扫描技术(Light Detection And Ranging，缩写为LiDAR)更为主动、灵活、精确，更适用于震后特别的环境。三维激光扫描技术可以在震后迅速地获得灾区的三维点云数据，对地表进行精确的三维重建，获得高精度的 DEM 数据，进而为救援工作提供快速、翔实的参考资料，所获得的三维数据也可以进一步用于探究地表活动断裂、定量化地研究震区的地质构造形态学特征。三维激光扫描技术所获得的点云数据真实、精确，并可以采集纹理信息，能永久保留地震现场最真实的三维影像。

## 二、三维激光扫描技术

### 1. 三维激光扫描技术的原理

三维激光扫描技术是指利用光进行目标探测和测距的技术，它可以直接获取对象表面点的三维坐标，实现地表信息提取和三维场景重建。一个完整的三维激光扫描系统由激光测距系统、高精度动态载体姿态测量系统(INS)、高精度动态 GPS 差分定位系统(DGPS)

构成(刘经南等，2003)。

典型的激光测距传感器由三个关键部分组成：测距单元、光学机械扫描装置、控制和处理单元(Aloysius Wehr et al.，1999)。一般激光测距分为两种方式：脉冲式和相位式；前者是通过激光发射装置产生一道极细的高能量光子脉冲流，LiDAR 记录每一个激光发射器产生并发射一束激光脉冲到激光脉冲接触到物体进而发生反射再被激光接收机接收到这整个过程的时间，测得地表和激光发射器的距离(戴娅琼等，2009)，见公式(1)；后者是通过传感器发射和接收的波之间的相位差来计算传感器和目标之间的距离。系统内的GPS 可以和测区内的 GPS 基站进行差分，确定传感器的精确空间位置$(x，y，z)$；INS则可以记录传感器的姿态$(\omega，\varphi，\kappa)$，见图 1。

$$R = \frac{1}{2}C \cdot t \tag{1}$$

式中，$R$ 为传感器到目标对象之间的距离；$C$ 为光速；$t$ 脉冲从传感器到目标对象之间的往返时间。

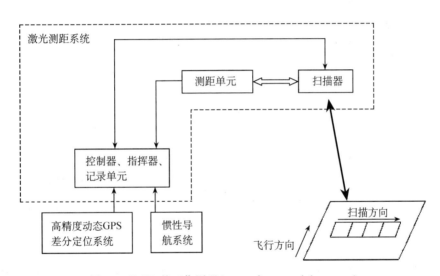

图 1　LiDAR 的工作原理(www.fugroearthdata.com)

## 2. 点云数据的特点与处理

一个完整的 LiDAR 系统所获得的数据包括点云数据、GPS 数据、INS 数据以及高分辨率数码照相机所采集到的影像数据，这里我们主要讨论三维点云数据。LiDAR 数据不同于其他遥感数据的最重要一点就是其获取的是离散的三维点云数据，离散数据允许相同平面坐标对应几个高程值，这更利于表现细节信息和变化剧烈的地形和地物，如电线杆、峭壁等，但这也给关键地形点采样带来了一定难度(刘沛，2008)[①]。由于激光雷达数据是多次回波的数据集合，首次回波一般是入射到物体如植被、房屋等，末次回波一般是地面点反射形成的，中间的回波较为复杂，这加重了数据处理的难度。同时，点云数据除了三

---

① 刘沛.2008.多源数据辅助机载 LIDAR 数据处理的关键技术研究.中国测绘科学研究院学位论文.

维坐标，还具有反射强度信息，它能反映出地表物体对激光的作用信息，可以为进一步处理如滤波、分类等提供依据。点云数据量巨大，对存贮条件、软件算法以及计算机硬件都有较高要求。

目前，市面上已经出现了一些专业的点云数据处理软件，但是各种软件所采用的数据种类和格式不相同，给数据流通和 LiDAR 的应用拓展造成了很大的障碍。鉴于上述问题，美国摄影测量与遥感(ASPRS)协会下的 LiDAR 委员会于 2003 年发布了 LiDAR 数据标准格式 LAS1.0 版(赵自明等，2010)，经过不断改进已于 2011 年 12 月发布了 LAS 1.4 版本(http：//www.asprs.org/Standards)。现在市面上主流的机载 LiDAR 数据处理软件有 Terra Solid 等，利用机载 LiDAR 系统进行工作的全流程如图 2 所示。

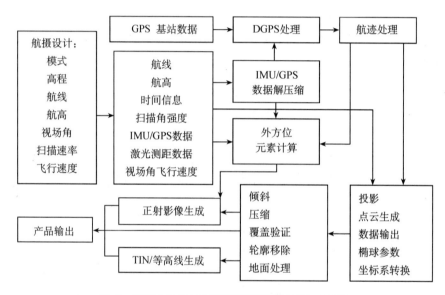

图 2　机载 LiDAR 工作流程图(陈松尧等，2007)

对于地面 LiDAR 系统来说，一般是扫描仪生产厂商开发适用于自己产品的数据处理软件，如 Leica 公司的 Cyclone 软件和 Riegl 公司的 RiSCAN PRO 软件等，这些软件的架构和功能大致相同，通过这些软件所处理的数据可以转换成其他类型数据导入到更为专业的数据处理软件如 AutoCAD、Geomagic、3D MAX 等以便根据用户需求进行专业处理。Cyclone 现已发布到 7.0 版本，既可以控制扫描仪系统完成数据采集，也可以进行后续的数据处理操作，新版本功能更加丰富，提供了网络发布、可用于工程放样，并可以通过 Cyclone VIEWER 模块处理其他仪器(如航空雷达、非 Leica 测量系统的扫描仪)的 ASCII、PTS 和 PTX 等格式的数据。

## 三、地面 LIDAR 系统在地表破裂三维重建中的应用

活动构造与地震诱发成因有着密切的关系，20 世纪七八十年代，遥感技术已被广泛

的运用于活动构造分析，因其能够大范围、高效率、周期性为科研人员从宏观到微观上提供分析活动构造的几何特征、构造地貌特性、区域环境、活动习性以及相关的定量化参数。但是由于受影像分辨率的限制，传统意义上的遥感影像已不能满足对断裂细部研究的需要，而地面 LiDAR 系统以其高精度、快速、三维立体的特点对断裂进行精细的三维重建，适用于活动构造的细部、定量化研究，并且可以与其他仪器或者不同分辨率遥感影像联合使用，全方位获取活动构造信息，重建的三维模型有助于理解、定量或半定量地分析地表破裂的分布及其活动特征，从而获得断裂的几何学和运动学特征。

2004 年，美国的科学家将地面 LiDAR 系统作为一种地震应急技术应用于当年 9 月的加州地震(Bawden 等，2004)和 10 月的日本地震(Kayen，2006)中，他们为震后搜索勘察队配备了地面三维激光扫描系统，在震后第一时间对地表破碎情况和滑坡等进行成像，保留了地震现场最珍贵的高精度资料，并为以后研究地表变形获得了基础数据。

Kayen(2004)使用地面三维激光扫描仪 Riegl Z210i、地质雷达以及 SASW 结构表面波测试系统对 2002 年发生在阿拉斯加州德纳利峰断裂的 7.9 级地震所产生的地表断裂进行了一次从地表到地下的成像。其中，LiDAR 对地表断裂进行了<1cm 精度的三维重建，探地雷达通过在近地表 15～25m 处成像分辨出与断裂交界的 Delta 河河床的偏移，而结构表面测试波系统通过对两侧河床下深度达 200m 处冲积物的检测，发现河两侧河床有 55～95m 的北向偏移，而 2002 年地震只造成了 0.6～0.8m 偏移，约占 1%。

2008 年汶川地震发生之后，中国地震局组织相关人员进行了汶川 8.0 级地震应急科学考察，沿总长 300 多千米的地震地表破裂带开展了大量的微地貌测量工作，其中，利用了技术发展比较成熟的全站仪、GPS RTK、三维激光扫描仪，结合地震现场的不同条件，对上述仪器进行组合，开展了同震地表形变的微地貌测量。由于三维激光扫描仪适应地震现场复杂多变的地形和天气状况，对珍贵的地震地表破裂遗址进行了有效的数字化精细记录与分析(李峰等，2008)。在禅古寺附近，采集了地震地表破裂的三维点云数据和纹理数据，进行了地表破裂分布的三维建模分析，获取了定量的破裂特征，包括断层走向、倾向、水平位错、垂直位错等断层属性。根据这些特征，分析地表断裂的产状、错动方式、错动幅度、推测其活动性质(袁小祥，2011)[①]。

# 四、机载 LIDAR 系统在震后三维重建中的应用

机载 LiDAR 系统灵活机动，可以快速获取指定区域的高精度 DEM 数据，适用于震后复杂的地形和气象条件。目前，机载 LiDAR 系统在震后三维重建中的应用已涉及到震后应急遥感、次生灾害监测、倒塌建筑物分析以及活动构造研究等诸多方面，但是这些研究起步较晚，对 LiDAR 的应用多局限在形态学分析和简单的定量分析上，需要更深入地对点云数据进行定量化处理，挖掘更丰富的隐含信息。

---

① 袁小祥. 2011. 多源遥感数据在活动构造信息提取中的应用研究. 地壳预测研究所学位论文.

**1. 机载 LiDAR 系统在地震应急中的应用**

2008 年汶川地震时，堰塞湖频发，其中面积最大的唐家山堰塞湖海拔位置高、气象条件复杂、缺乏现势性地形数据，给抢险救灾带来了极大难度，应抗震救灾指挥部要求，武汉大学马洪超等使用 Leica ALS50 机载 LiDAR 系统对唐家山堰塞湖流域地形进行了紧急航空测量，有效获取数据面积约 500，获取了当地的大面积的 DEM 数据、等高线、滑坡分析结果、水位分析数据，在未做精处理的条件下，DEM 精度仍达到 30cm(姚春静等，2008)，充分体现了机载激光雷达扫描系统在地震灾害响应中的巨大应用价值。

**2. 机载 LiDAR 系统在震后滑坡监测中的应用**

1999 年台湾集集地震引发了多处滑坡，20 世纪初，地质学家利用三维激光扫描技术对多处滑坡展开了监测。Chang(2005)采用野外地质调查、航空摄影相片和 LiDAR 相结合的方法对地震引发的九峰山滑坡进行了地质学和形态学研究。他们使用滑坡两年半后获取的 LiDAR 数据沿滑坡表面和滑坡堆积体分析了滑坡形态学结构，发现了滑坡表面的断裂陡坎、褶皱等形变结构，这些结构是由于崩塌时的剪应力形成的，还发现了滑坡表面的三个主要节理组，并通过震前、震后的 DEM 模型得到了等厚线图。对集集地震引发的另一处滑坡，Hsiao 等(2004)使用机载 LiDAR 数据所获得的 DEM 和震前 DEM 数据做比较检测，发现地震前后的最大高度变化达到 60m 左右。陈柔妃等(对滑坡体和造山带进行了持续监测，发现了严重的侵蚀现象，他们对 LiDAR 数据、航空航天影像、野外地质图进行综合分析，计算出滑坡痕体积和堆积物体积，得到滑坡中去压缩只导致了体积增长 19％(Chen，2005)，地震 4 年之后，河水侵蚀掉的滑坡体约为 0.04，如此高的侵蚀率说明了研究台湾山带的长期剥蚀和滑坡侵蚀的重要性(Chen，2006)。

近年来，也有学者开始研究基于 liDAR 的滑坡自动提取技术。Booth(2009)对高分辨率 liDAR 数据进行二维离散傅里叶变换和二维连续小波变换，从而求出特征空间频率，该频率对应于滑坡特征地貌如土丘、陡坎、土石堆的空间分布模式，这些模式代表着历史滑坡、可以用来圈定历史滑坡体，用这个方法试验圈定滑坡的正确率为 82％。沈永林等(2011)利用高分辨率光学影像、近红外影像和机载 LiDAR 数据采用面向对象方法对海地地震引发的滑坡进行了自动提取，发现基于 NDVI 与坡度特征组合的分类结果明显优于其它方法的分类结果，与最大似然法相比，该方法的结果更为准确、精度更高。

**3. 机载 LiDAR 系统在地震构造研究中的应用**

高精度 DEM 数据可以用于定量化地研究地表断裂特征，对于进一步研究地震构造具有很大的价值，机载 LiDAR 数据已逐步成为地质学家在研究活动构造时获取 DEM 的重要手段。

1997 年，科学家在西雅图西部的 Puget 低地使用机载 LiDAR 系统研究 Bainbridge 岛的地下水渗透时，发现了西雅图断裂带中一个 1～5m 高的断裂切断了南北走向的冰蚀沟。因为当地森林密布，之前的野外地质调查和航空相片都没能发现这个断裂，进一步调查发现这个断裂与全新世的一次或多次地震有关，受此启发，科学家们于 1999 年成立了 PSLC 组织，专门利用高精度激光雷达数据来发现与地震灾害有关的新断裂，这项工作取得了巨大的成功(Haugerud，R. A. et al.，2003)。

2002 年，美国的 K. W. Hudnut 等(2002)利用机载 LiDAR 系统对 1999 年 10 月发生

在加利福尼亚州的 7.1 级地震进行了第一次震后全部断裂带的扫描，测得断裂带发生了 $4.2\pm0.5$m 右向滑动和 $0.9\pm0.1$m 的垂直滑动。

2008 年，John G. Begg 等（2009）对新西兰 Taupo 裂谷中扩展最快的 Rangitaiki 平原区进行了激光雷达测量，发现了 122 个活动断裂裂痕，这些裂迹长度在 $0.25\sim0.60$km 之间，他们主要穿越地质年代小于 6500 年的地层，形成 $0.05\sim7$m 宽度不等的地堑，为研究该地区的偏移、偏移速率以及古地震提供了依据。

2008 年，Ramona Baran（2008）利用三维激光扫描技术对美国内华达州 Rex 山脉的一个多相流动构造进行研究，通过高分辨率的 DEM 数据来分辨断裂裂迹、确定他们的相对年龄和几何学形态。他们发现 Rex 山脉南部有三个裂迹和三个逆断层的分支有关；基部的断裂是最连续的并分为五段，上面的两个裂迹不太连续，暴露在山脊顶部的断裂裂迹更多（多达四五个）更小（约 5m 高），沟谷里可能有单个比较大（>10m）的光滑断裂。

2009 年，J Ramon Arrowsmith 等（2009）对中南部的圣安德列斯断层长达 15km 的部分进行高精度激光扫描时，发现了完好的构造地貌，如沟槽、山脊等，这些地貌可以预测下一次地震滑移的位置。

2009 年，K. J. Chang 等（2010）对台湾林口高地西部的南崁线性构造进行了基于 LiDAR 影像的形态学研究，认为断定南崁构造最近无活动性或者其活动性被并发的表面过程隐藏了是合理的。这对于台湾地区的地震预测有重要意义。

**4. 机载 LiDAR 系统在震后倒塌建筑物提取中的应用**

LiDAR 数据可以提供精确的高程信息，近几年，逐渐有学者将其运用于面向对象的建筑物信息提取中，分类精度得到较大幅度提高。地震之后，地面建筑物会发生不同程度的倒塌，提取的难度加大，如何利用 LiDAR 数据和其他高分辨数据有效地提取震后建筑物信息成为亟待解决的问题，这方面国内外学者的研究工作都处于起步阶段。

2008 年，李漫春等（Chun, L. M., 2008）集成 LiDAR 数据和高分辨率光学影像来定量化估计建筑物损毁程度。他们分两步来进行：首先用震前 LiDAR 数据和高分辨率影像来重建细节信息丰富的 3D 建筑物模型，然后将建筑物模型的屋顶斑块、震前震后的屋顶斑块点云筛选出来进行对比，以确定它们是否损毁以及损毁的程度。

2010 年海地地震，Hussain（2011）使用 GeoEye-1 影像和机载 LiDAR 数据对太子港的建筑物和倒塌碎片进行了制图，他们使用面向对象方法，利用光学、纹理和高度信息对地表覆盖进行了分类，总体精度达到 87%，其中建筑物和碎片精度达到 80%。发现损坏最严重的是城区中规划较好的混凝土和砌体结构，金属屋顶的棚户区和临时建筑损坏较小。于海洋等（2011）同样利用太子港部分区域的机载 LiDAR 数据，使用面向对象和支撑向量机技术相结合的方法对地震中倒塌建筑物进行了提取，总体精度达到 86.1%。

# 五、结论与讨论

21 世纪以来，三维激光扫描技术逐渐运用于与地震学密切相关的各项研究中，从震后应急到滑坡、堰塞湖等次生灾害，从地震区域的活动断层研究到倒塌建筑物分析，机载和陆地三维激光扫描技术在震后三维重建中开始发挥它的作用。目前，陆地三维激光扫描系统多用于震后地表破裂的小范围、细部扫描，而机载三维激光扫描技术的应用多是基于其高精度 DEM 数据基础上的。

LiDAR 在震害领域的相关应用面临着以下亟待解决的问题：①如何有效地与多源遥感数据相结合，这需要解决包括点云数据粗差剔除、滤波、多源数据配准等关键问题；②如何有效地将陆地、机载、星载等不同平台的 LiDAR 系统集合起来，构造空天地一体化系统，发挥各自优势；③相对于 LiDAR 硬件系统不断更新换代而言，其相关软件和处理算法都比较单一，在数据处理中会引入诸多误差，必须开发适用于点云数据本身的专业算法和软件；④LiDAR 系统的价位较高，对于其进一步扩展应用造成了较大的阻碍；⑤可以看到，震害领域的研究和应用多集中在浅层次的形态学上，并没有深度挖掘点云数据本身的价值。

值得注意的是，我国利用三维激光扫描技术对上述诸多方面的研究还相当薄弱，多处于起步阶段，与同样多发地震的美国、日本以及中国台湾地区相比都有较大差距，如何有效地利用这门新技术、丰富震害数据获取手段，以达到防震减灾还需要我们共同的努力。

## 参 考 文 献

陈松尧，程新文．2007．机载 LIDAR 系统原理及应用综述．测绘工程，16(1)：27～31．

戴娅琼，申旭辉，洪顺英．2009．机载 LiDAR 技术及其在地学中的应用．地震，29(增刊)：122～129．

李峰，徐锡伟，陈桂华等．2008．高精度测量方法在汶川 $M_S8.0$ 地震地表破裂带考察中的应用．地震地质，30(4)：1065～1074．

刘经南，张小红．2003．激光扫描测高技术的发展与现状．武汉大学学报信息科学版，28(2)：132～137．

沈永林，李晓静，吴立新．2011．基于航空影像和 LiDAR 数据的海地地震滑坡识别研究．地理与地理信息科学，27(1)：20～24．

姚春静，马洪超．2008．机载激光雷达在汶川地震应急响应中的若干关键问题探讨．遥感学报，12(6)：925～932．

于海洋，程刚，张育民等．2011．基于 LiDAR 和航空影像的地震灾害倒塌建筑物信息提取．国土资源遥感，90(3)：80～84．

赵自明，史兵，田喜平等．2010．LAS 格式解析及其数据的读取与显示．测绘技术装备，12(3)：17～20．

Aloysius Wehr U L．1999．Airborne laser scanning-an introduction and overview．Photogrammetry and Remote Sensing，54：68～82．

Arrowsmith J R．2009．ASU．Geomorphology，113．

Bawden G W．2004．Evaluating Tripod Lidar as an earthquake response tool，in American Geophysical Union，Fall Meeting．

Begg J G．2009．Analysis of late holocene faulting within an active rift using LiDAR，Taupo rift New Zealand．Journal of Volcanology and Geothermal Research，190：152～167．

Booth A M．2009．Automated landslide mapping using spectral analysis and high resolution topographic data．Geomorphology，109：132～147．

Chang K．2005．Geological and morphological study of the Jiufengershanlandslide triggered by the Chi-Chi Taiwan earthquake．Geomorphology，71．

Chang K J．2010．Evalution of Tectonic Activities Using LiDAR Topographic Data：The Nankan Lineament in Northern Taiwan. 21(3)：463~476.

Chen R. 2005. large earthquake triggered landslides and mountain belt erosion the tsaoling case taiwan. C. R. Geoscience, 377：1164~1172.

Chen R. 2006. Topographical changes revealed by high-resolution airborne LIDAR datathe 1999 Tsaoling landslide. Engineering Geology, 88.

Chun L M. 2008. Post-earthquake assessment of building damage degree using LiDAR data and imagery. 51 (2)：133~143.

Haugerud R A. 2003. High resolution lidar topography of the Puget Lowland, Washington-A Bonanza for Earth Science. Gsa Today, 13(6)：4~10.

Hudnut K W. 2002. High-Resolution Togography along Surface Rupture of the 16 October 1999 Hector Mine, California, Earthquake(M7. 1) from Airborne Laser Swath Mapping. Bulletin of theSeismological Society of America, 92(4)：1570~1576.

Hussain E. 2011. Building extraction and Rubble mapping for city port-au-Prince post-2010 earthquake with Geo-Eye-1 imagery and Lidar data. Photogrammetric Engineering and Remote Sensing, 77：1011~1023.

Hsiao K H. 2004. Change detection of landslide terrains using ground-based lidar data, in XXth ISPRS Congress, Istanbul, Turkey. Commission VII, WG VII/5.

Kayen R. 2006. Terrestrial-LIDAR Visualization of Surface and Structural Deformations of the 2004 Niigata. Earthquake Spectra, 22：S147~S162.

Kayen R B. 2004. Imaging the M7. 9 Denali Fault Earthquake 2002 rupture at the Delta River using LiDAR, RADAR, and SASW Surface Wave Geophysics, in Eos Trans. AGU, 85(47) Fall Meet.

Ramona Baran. 2008. High-resolution spatial rupture pattern of a multiphase flower structure, Rex Hills, Nevada New insights on scarp evolution in complex topography based on 3-D laser scanning. Geological Society of American Bulletin, 122(5~6).

# 3D ground reconstruction after earthquakes

## Su Yuanyuan[1,2]    Zhang Jingfa[2]

(1. China University of Geosciences, Wuhan 430074, China)

(2. Institute of Crustal Dynamics, CEA, Beijing 100085, China)

In recent years, the three-dimensional laser scanning technology has been widely used in the protection of cultural relics, terrain measurement, urban planning, electricity, transportation and ecosystem for its high-precision and efficiency, while in researches related to earthquakes, it has been rarely utilized. This paper reviews the applications of the three-dimensional laser scanning technology to 3D ground reconstruction after earthquakes, including seismic emergency, seismic active fault interpretation, collapsed building recognition and secondary disasters monitoring such as landslide and barrier lake. It also demonstrates the development and current situation of airborne and land Lidar applied to earthquakes both home and abroad as well as the problems we have to solve.

# 地震波作用引起井孔水温变化特征研究进展[*]

张　磊　刘耀炜　张　彬

(中国地震局地壳应力研究所(地壳动力学重点实验室)　北京　100085)

**摘　要**　井孔水温对地震有着灵敏的响应,地震前水温异常和水温同震现象现已成为地震流体学研究的热点。本研究总结了井孔水温的相关研究成果,概述了地震引起的井水温度微动态现象,介绍了井水温度对地震响应的机理,讨论了应力与井孔水温的关系。对这一领域研究成果的综合分析,对挖掘井孔水温观测研究在地震监测预报中的作用具有重要的理论意义和应用价值。

## 一、前　　言

地震能够引起地下水的水位、温度、气体以及流量的变化(傅承义,1963;郭增建,1964;Coble,1965;傅子忠,1988;Wakita et al.,1988;车用太等,1996;Roeloffs,1998;Manga,2001;Montgomery et al.,2003;Brodsky et al.,2003;刘耀炜,2006)。这些变化是可以预料的,一方面是因为地震效应能引起地下水流量、输送热量和水中溶解物质的变化,另一方面断层中产生的摩擦生热可导致地下水温度的变化(Wang et al.,2009)。水温变化的研究始于 20 世纪末,并且积累了一些井和泉观测点的持续水温记录。最近几年,地震科学中关于同震效应的研究已成为热点,同震效应能揭示地壳介质对应力-应变过程的响应,关于水位与水温的同震效应研究已经有了很多相关的报道(石耀霖等,2007;孙小龙等,2007)。本文在井孔水温相关研究成果基础上,对地震引起的井水温度微动态现象、井水温度对地震响应的机理和应力与井孔水温的关系等方面进行了论述。

## 二、地震所引起的地下水温度的变化

地热学在地球科学研究中具有重要地位,地热与地震关系研究是地震科学研究的热点(付子忠,1990)。许多研究者认为,对大震引起的地下水温度变化的观测分析是研究构造活动的有效方法,其结果对客观评价地下水温度观测对应力-应变场响应效能等方面具有重要意义。

* 课题资助:地震行业专项——地下流体观测方法技术标准研究(200708019)。

　　Mogi 等人(1989)描述了日本伊豆东北部一口温泉的温度变化。在地震发生时，井孔水温出现了阶梯似的上升变化，其解释为当强震发生时，由于地震波的能量疏通了井孔，使得地下热水涌入导致水温突然升高。在过去的 30 年中，对于大洋中脊的研究证实了地震也能引起温度的变化(Sohn et al.，1998；Baker et al.，1999；Johnson et al.，2000；Dziak et al.，2003)。

　　地震所引起的温度变化在许多观测井中得到了验证(Ma et al.，1990)。比如唐山井能够观测到部分地震的水温同震效应，而且同震温度总是下降的，这引起了相关学者的关注(张子广等，1998；石耀霖等，2007；陈大庆等，2007；马丽等，2008；尹宝军等，2009)。当地震面波通过时，该井孔水位发生上下波动，水温开始下降直至到水波震动停止，降温过程一般较为迅速，降温出现的时间与水震波密切相关。对于单井的井孔水温同震现象一些学者做了相关的研究(谷元珠等，2003；陈大庆等，2007；杨竹转等，2007；孙小龙等，2007，2008；张素欣等，2007)，对于单井不同深度处水温的变化的研究却很少见(杨竹转等，2010)。我国大陆水温观测点对苏门答腊和汶川强震同样观测到了水温的同震效应(刘耀炜，2005，2009；杨竹转等，2008)。

# 三、井水温度微动态现象

　　水温的微动态，一般指在地壳活动时段，由于含水层岩石的受力状态发生变化而引起的井水温度随时间的变化(车用太等，2008)。这种变化的幅度较小，可以通过高精度水温观测仪记录到。自从我国成功研制出水温观测仪器(傅子忠，1988)，现已积累了丰富的水温观测资料，对水温微动态的类型及影响因素、同震效应和固体潮效应做了大量的研究。

## 1. 水温正常动态

　　井孔水温的正常动态类型，从时间尺度上可划分为多年、年、月、日动态(车用太等，1996，2003；谷元珠，2003；张子广等，2007)。从变化形态上又可分为稳定性、短周期型、日周期型、跳跃型、长周期型(傅子忠，1988；赵刚等，2009)。

　　年或多年正常动态类型大体上可分为 3 种基本类型：缓升型、缓降型与年变型。缓升型与缓降型动态多见于深层热水井，其特点是年动态以基本稳定的速率上升或下降，但总的变化幅度不大，一般为 0.1～0.01℃以下。年变型动态多见于浅层冷水井或自流温泉中，其特点是井泉水温随季节有规律地起伏变化，即冬春偏低、夏秋偏高，年变化幅度多为零点几至几度(车用太，1996)。水温的年动态是以月均值为基础建立的，通过对塔院井的观测研究，发现其水温呈多年上升趋势(谷元珠，2003)。

　　井水温度的正常年、月、日动态类型也可分为平稳型、上升型、下降型与起伏型等。深层含水层水温的年、月变化幅度一般在 $10^{-1}\sim10^{-2}$℃之间，个别深层地下水温的年、月变化幅度小于 0.001℃(刘耀炜等，2009)。

　　在一些可观测到水位固体潮效应的井孔中，还可以观测到水温固体潮的日变化现象，相关研究者对水温固体潮现象做了初步的研究(鱼金子等，1997；张昭栋等，2002；张子广等，2007；车用太等，2008)，认为水温的固体潮是水位潮汐效应的次生效应，由于固体潮作用，井-含水层系统的水动力条件发生改变，导致含水层内水流发生变化，然后井孔内水体热量随水流变化而表现出上下波动，产生了与井水位潮汐同步变化的水温固体潮现象，对于水位与水温潮汐变化相反的现象，与水温梯度的不正常分布有关。

影响井水温度正常动态类型的因素较多，有降雨补给、地下水开采、地表水补给、井水扰动、地震波、固体潮、仪器老化等。

**2. 水温异常动态**

水温前兆异常的形态是各种各样的，不仅不同的观测井互不相同，即使同一观测井在不同地震前的异常形态也是不尽相同的，这些异常形态大致可划分为三种类型：

(1)突变型。

在震前水温测值突降，其突降幅度超过正常日变幅度的3倍以上，震后测值不恢复到异常发生前的温度基值。

(2)上升型。

水温测值在正常变化的背景上，持续升温(几天到1个月)，升温的日变幅度超过日变幅度的几倍到十几倍，震后测值不恢复到异常发生前的温度基值。

(3)脉冲型(正脉冲和负脉冲)。

在水温值的正常背景上，出现单一方向的突升或突降，并在数小时内恢复到原测值，其异常幅度超过平均日变幅度的几倍到十几倍。

2007年宁洱6.4级地震前云南地区出现了群体性水温异常变化，包括中期趋势异常、短期异常和短临异常。其中，短临异常出现在震前2个月以内，多数表现为温度升高；短期异常多数为震前温度下降；中期趋势异常中，既有上升型异常，也有上升转折型异常(刘耀炜等，2008)。

**3. 水温同震效应特征**

很多井水温都记录到强烈地震引起的同震变化或震后效应(车用太等，1996)。刘耀炜等(2005)收集了我国121个地下流体台站对2004年苏门答腊8.5级地震的同震响应资料，分析了水温同震响应特征的基本类型，把水温的同震变化分为上升、下降两种类型(图1，图2)。上升型是指在地震振动作用下，井孔水温总体出现阶变式的上升。在水温上升的持续过程中，一部分井孔水温会在短期(几小时)内恢复到正常温度水平，有些井孔水温则在数天或数月内才恢复正常温度。温度下降型是指在地震振动作用下，地下水温度出现明显的下降变化。温度下降后一般在数小时或数天内恢复正常温度。对汶川8.0级地震我国大陆96口井水温同震动态研究也反映出主要包括上升和下降两种类型(杨竹转等，2008)。

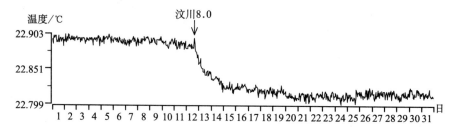

图1　河北黄骅观测站水温观测对汶川地震的同震响应(2008年5月整点值)

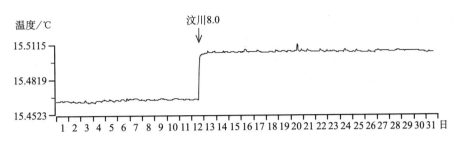

图 2 山西泌县观测站水温观测对汶川地震的同震响应(2008 年 5 月整点值)

水温的同震响应形态是阶变，阶变的方向以下降为主，阶降的幅度为 $6\times10^{-3}\sim5\times10^{-2}$℃，但也有个别上升。水温的同震下降型变化，多与井水位的振荡相匹配。

杨竹转等(2007)、孙小龙等(2008)分析了北京塔院井水温同震观测资料，得出伴随着井水位的振荡出现井水温度的同震阶降，水温同震变化的幅度($\Delta T$)和矩震级($M$)、井震距($D$)等有关。同一口井，在一次地震时可能同震响应为水温上升，另一次地震时响应为下降，表明水温响应受地震活动造成对井孔所处地区的应力状态不同影响，同时，井孔结构、井-含水层系统差异，各地井孔同震响应存在差异，难以用一个广泛使用的公式来描述，不只是资料少的问题。

付虹等(2002)研究了云南省 54 口地下水观测井资料，提出了井孔水位同震效应影响因素，认为对于远场大震(≥7 级)，同震效应振幅、振荡时间与井震距及震级大小成正比；在含水层埋藏条件大致相同时，与含水层岩性、含水层顶板埋深有关。

**4. 水温微动态与水动力学机制**

井水温度背景值取决于井孔所在地的大地热流($q$)或地温梯度(车用太等 2008)。随着含水层中地下水流入井筒中之后，井水的热环境发生变化，处在被"开放"的状态，在井水面上发生液体→气体界面上的热扩散，在井水体与井筒外围围岩之间发生热传导，最后导致不同深度上的井水具有不同的背景温度值。

鱼金子等(1997)认为，水温微动态形成是以水动力学机制为主，即地壳的应力-应变状态的变化，首先引起含水层岩体变形及相应的孔隙压力的变化并导致井-含水层系统水动力条件(水力梯度)的改变和水流状况(流速、流量等)的改变，然后由于水流量所携带的井孔内热量变化引发出井水温度的改变。

# 四、井孔温度对地震响应的机理研究

## 1. 地下水运动引起水温的变化

地下水流在地热传导、地震作用等地质过程中都起着重要的作用，地下水在运动方向上可分为垂直运动和水平运动，地下水的垂直运动对温度场的变化要大于水平运动，地下水运动方式和赋存条件影响着含水层的温度状况，进而又影响到其上下岩层的温度分布。

地下水的垂直运动可分为向上和向下，当地下水向下运动时，地温梯度自上而下逐渐增大；地下水向上运动时，地温梯度自下而上逐渐增大（张发旺等，2000）。地震发生时，可导致地下水强烈运动，这时地下水的垂向运动加剧，可以根据热传导公式计算包括传导和对流两部分在内的地表热流值和垂向流速（熊亮萍，1990）。

熊亮萍等（1992）通过研究地下水活动对钻孔地温分布的影响后提出：当地下水以水平运动为主时，在相应含水层（冷或热）的井段，钻孔温度-深度曲线呈凹或凸形，属对流型温度曲线（图3a）；当地下水运动以垂向运动为主且流速足够大时，钻孔地温曲线近似垂线，属对流型温度曲线（图3b）。若流速较小时，钻孔曲线为斜线，为传导对流型温度曲线（图3c）。

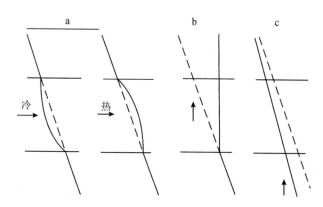

图3　钻孔温度-深度曲线的类型

康永华等（1996）通过研究地下水运动对温度场的影响得到：未受地下水活动影响时的正常地温分布为分段直线，地温梯度为常数。有侧向低温地下水径流活动时的地温场，在地下水活动区内，地温梯度小于正常值，且不为常数，地温分布为曲线；而在地下水活动区的下方，地温梯度则大于正常值，地温分布仍为直线。

Domenico等（1979）表述的渗流作用下的水温变化关系如下：

$$\frac{\partial}{\partial x_1}\left(L\,\frac{\partial T}{\partial x_1}\right)+\frac{\partial}{\partial x_1}(\nu\rho C_P T)=\rho C_P\,\frac{\partial T}{\partial t} \tag{1}$$

式中，$v$为水流速度；$C_P$为等压热容量；$T$为水的温度；$L$为井-含水层系统的热动力弥散系数。此方程中的左边第一项为热传导或热弥散引起的变化，第二项是热平流或对流引起的变化，右边一项表示温度随时间的变化。

如果考虑水-岩热交换，张志辉等（1997）推导建立了地下水和含水层介质的热量输运方程，表达式如下：

$$\varphi\rho_c\left(\frac{\partial T_f}{\partial t}+u_i\,\frac{\partial T_f}{\partial c_i}\right)=\frac{\partial}{\partial c_i}\left(\varphi\lambda_{ij}^{\mathrm{f}}\,\frac{\partial T_f}{\partial c_j}\right)+\zeta(T_s-T_f) \tag{2}$$

$$(1-\varphi)\rho_s c_s\,\frac{\partial T_s}{\partial t}=\frac{\partial}{\partial c_i}\left[(1-\varphi)\lambda_{ij}^{\mathrm{s}}\,\frac{\partial T_s}{\partial c_i}\right]-\zeta(T_s-T_f) \tag{3}$$

式中，$T_f$和$T_s$分别为水和岩层介质的温度；$u_i(=\nu_i/\varphi)$为地下水实际流速；$\lambda_{ij}^{\mathrm{f}}$为地下水的热动力弥散系数张量；$\lambda_{ij}^{\mathrm{s}}$为岩层介质的热传导系数；$\rho_s$、$c_s$分别为岩层的密度和比热；

ζ为水-岩热交换系数。

**2. 井孔水温同震变化现象机理探讨**

在地震波作用下，水温的同震变化能够揭示出水动力学与热动力学变化过程，目前，通过对井孔水温同震机理的研究提出如下看法。

（1）井孔水热弥散机理。

石耀霖等（2007）针对唐山井观测到的地震引起的水位震荡-水温下降现象，进行了有限单元法模型计算，提出了水动力弥散效应是造成同震水温变化的主要原因，它的主要机制是分子的弥散，在流水或振荡的水中，特别是湍流发生、存在涡旋时弥散快，弥散系数与水的宏观速度密切相关；在静水中弥散系数很低；在同震水位振荡时弥散系数大大增加。温度较高的一些高分子动能水分子弥散到冷的低分子动能的水中，以及温度较低处一些低分子动能水分子弥散到温度较高处，形成水温的变化，在一定的条件下，形成同震水温降低现象。

此类观点成立的先决条件是井孔内水体有垂向的温度梯度（一般井孔上部温度低，下部温度高），并且温度探头的位置决定着井孔水温同震响应的上升或下降，以及水温变化的幅度，但用此观点来解释塔院井水温同震下降的现象并不太理想，因为塔院井的地温梯度不是随深度存在下降现象（谷元珠等，2003；孙小龙等，2008）。并且这种热弥散观点还需要在井孔不同深度同时进行水温度观测进行检验该模型，这种研究还有待于进一步实现。

（2）井孔气体释放吸热机理。

鱼金子等（1997）研究北京太平庄井时发现井水温度大幅度下降的同时，井水面上有大量气泡上涌，认为井水温度的同震突降机制可归因于井水气体的释放。即当井水位振荡时，引起井水气体释放，此时被释放的气泡带走了井水中的热量，从而降低了井水温度。与此观点类似，陈大庆等（2007）认为水位振荡-水温下降是由于井水中吸附气体在脱逸过程中自身携带热量的散失，以及气泡上升过程中减压膨胀、对外界做功需要吸收热量，此两种途径造成周围地下水温度下降。

但是该模式的着眼点在于有大量气体逸出，从而导致水温下降，它的前提条件是井内有大量的溶解气。并且该观点无法解释为什么有些井孔会出现水位震荡而水温上升的现象。

（3）水动力学机理。

刘耀炜等（2005）对远场大震引起水位振荡-水温下降现象的解释是：不同温度梯度含水层的"垂直渗流"作用引起的。刘耀炜（2009）又对这一观点进行了补充分析，提出地下水垂直渗流作用为主要因素的"热对流-传导模式"，即岩层压力释放-裂隙（断裂）闭合-低渗地层向高渗地层中的流体流动及压力传递-裂隙（断裂）再度开启的过程，这一过程能够解释地下水温同震上升和下降的机理。断裂下部的渗透性地层起着蓄水池的作用：当断裂开启，其中的流体释放，流体压力降低；当断裂闭合，其周围的低渗透性地层向其释放流体、传递压力，其本身的压力也可能在各种增压机制的作用下不断升高。开启断裂内流体的垂向（上、下）流动极大地改变了地层中流体压力场的分布，引起垂向（上、下）的流体流动。由于地层温度在垂向上的差异，这种流动将可能引起地下温度的对流传导，造成局部的温度变化(升高或降低)。

但目前为止,国内外对于以上机理的主要影响因素、不同机理之间的关系等深层次问题的研究尚未见报道,其主要原因是没有获得广泛的观测资料,很难形成系统的研究成果。

# 五、应力与井孔水温关系的探讨

国内学者对于应力、温度、地下水之间的关系开展过不同方面的研究。井中水位与水温的变化能反映井-含水层系统的应力、应变状态的变化,它们不仅能反映出无震时期含水层的受力状况(如固体潮响应),而且对远场大震也有显著的同震响应。井水位与水温对远场大震的响应是井-含水层系统受到地震波作用的结果。

日本的 Koizumi(1990)提出了静态过程中流量与温度间的定量关系。张永仙等(1991)研究自流井中流量与温度之间的定量关系,肯定了井-含水层受力→水流变化→温度调整这一物理过程是客观存在的,通过提出两种含水层模型来研究自流井中流量与温度之间的定量关系,建立了管道流模型和层状流模型,可以确定流量和温度的关系。但是该模型是理想化的,计算出的结果与实际观测资料也不完全一致。胡敦宽等(1997)认为观测井孔附近的断裂受到压应力作用时导致水温上升,受到张应力作用时则水温下降。

孙小龙等(2007)运用不同温度地下水混合的双含水层模型,得出本溪井水位与水温整点值的定量关系,并模拟出了其水温随水位变化的曲线图。其认为本溪自流井水位与水温震后阶升的主要影响因素是地震波作用下含水层的渗透率增大。

另外,有关地下水与地温场关系的数值模拟研究也取得了一些重要进展(邓孝,1989;熊亮萍等,1992;张远东等,2006)。柴军瑞等(1997)分析了岩体渗流场与温度场耦合分析的连续介质数学模型,并讨论了该数学模型的有限元数值求解方法,但是关于温度的变化引起流体相变的问题却未做进一步研究。李宁等(2000)在建立岩体裂隙介质三场耦合微分控制方程的基础上,推导了岩石、裂隙,水,气三相介质的温度场、变形场、渗流场耦合模型及有限元解析格式和分析计算方法。王锦国等(2001)提出了求解地下水热量运移问题的 BEM-FAM(边界元-有限分析法)耦合法,该方法直接计算出地下水流速度,而且避免了对流扩散方程数值解中的数值弥散和数值振荡。肖占山等(2005)建立了井筒及其周围地层的温度场数学模型。

# 六、结语与讨论

井孔水温和水位一样都能灵敏地反映出地震的孕育和发生过程,水温的变化与水位的变化存在关联性。通过研究地下水微温度场的变化能够揭示出地壳应力及其热变化对地震的响应,尤其是水温同震效应,有助于厘清应力—流体—地震的可能关系及其机制。井水温度变化的水动力学机制被大家广泛接受,但是具体的关于地震波引起的水温变化机理研究还处在定性分析的基础上，需要在广泛的观测资料上开展进一步工作，以验证温度场、应力场和渗流场的相互关系。

## 参 考 文 献

柴军瑞，韩群柱．1997．岩体渗流场与温度场耦合连续介质模型．地下水，19(2)：59～62．

车用太，刘成龙，鱼金子．2008．井水温度微动态及其形成机制．地震，28(4)：20～28．

车用太，刘喜兰，姚宝树等．2003．首都圈地区井水温度的动态类型及其成因分析．地震地质，25(3)：403～420．

车用太，鱼金子，刘春国．1996．我国地震地下水温度动态观测与研究．水文地质工程地质，4：34～37．

陈大庆，刘耀炜，杨选辉等．2007．远场大震的水位，水温同震响应及其机理研究．地震地质，29(1)：122～130．

邓孝．1989．地下水垂直运动的地温场数值模拟与实例剖析．地质科学，(1)：131～14l．

付虹，刘丽芳，王世芹等．2002．地方震及近震地下水同震震后效应研究．地震，22(4)：55～66．

付子忠．1988．地热动态观测与地热前兆．见：国家地震局地壳应力研究所编，地壳构造与地壳应力(1)，北京：地震出版社．

付子忠．1990．地热动态观测与地热前兆．见：国家地震局地壳应力研究所编，地壳构造与地壳应力文集(4)，北京：地震出版社．

傅承义．1963．有关地震预告的几个问题．科学通报，3：30～36．

谷元珠，车用太，鱼金子等．2003．塔院井水温微动态研究．地震，23(1)：102～108．

郭增建．1964．地震发生前地下水位变化．地球物理学报，3(3)：223～226．

胡敦宽，谢春雷，燕小渝等．1997．大同—阳高震群序列地热异常与异常机理探讨．山西地震，(1-2)：77～83．

康永华，许升阳．1996．煤矿突水与围岩温度场．北京：煤炭工业出版社．

李宁，陈波．2000．裂隙岩体介质温度、渗流、变形耦合模型与有限元解析．自然科学进展，10(8)：722～728．

刘耀炜．2006．我国地震地下流体科学40年探索历程回顾．中国地震，22(3)：222～235．

刘耀炜，孙小龙，王世芹等．2008．井孔水温异常与2007年宁洱6.4级地震关系分析．地震研究，31(4)：347～353．

刘耀炜，马玉川，任宏微等．2009．汶川8.0级地震对中国大陆地下流体影响特征分析．见：中国地震局地壳应力研究所编，汶川8.0级地震地壳动力学研究专辑．北京：地震出版社．

刘耀炜，杨选辉，刘永明．2005．地下流体对苏门答腊8.7级地震的响应研究．见：中国地震局监测预报司编，2004年印度尼西亚苏门答腊8.7级大地震及其对中国大陆地区的影响．北京：地震出版社．

马丽，尹宝军，黄建平等．2008．唐山井的水温同震变化特征//中国地震预报探索．北京：地震出版社．

石耀霖，曹建玲，马丽等．2007．唐山井水温的同震变化及其物理解释．地震学报，29(5)：265～273．

孙小龙，刘耀炜．2007．本溪自流井水位与水温同震变化关系研究．大地测量与地球动力学，27(6)：100～104．

孙小龙，刘耀炜．2008．塔院井水位和水温的同震响应特征及其机理探讨．中国地震，24(2)：105～115．

王锦国，周志芳，金忠青．2001．地下水热量运移模拟的BEM-FAM耦合法．水利学报，5：71～76．

肖占山，宋延杰，石颖等．2005．注水井温度场模型及其数值模拟研究．地球物理学进展，20(3)：801～807．

熊亮旸，汪集旸.1992. 钻孔地温分布与地下水活动. 地质科学，（增刊）：313～321.

熊亮旸，汪集旸，庞忠和.1990. 漳州热田的对流热流和传导热流的研究. 地球物理学报，33(6)：702～711.

杨竹转，邓志辉，杨贤和等.2010. 井孔水温动态变化的影响因素探讨. 地震，2：71～79.

杨竹转，邓志辉，刘春国等.2008. 中国大陆井水位与水温动态对汶川 $M_S 8.0$ 地震的同震响应特征分析. 地震地质，30(4)：895～904.

杨竹转，邓志辉，陶京玲等.2007. 北京塔院井数字化观测水温的同震效应研究. 地震学报，29(2)：203～213.

尹宝军，马丽，陈会忠等.2009. 汶川 8.0 级地震及其强余震引起的唐山井水位同震响应特征分析. 地震学报，31(2)：195～204.

鱼金子，车用太，刘五洲.1997. 井水温度微动态形成的水动力学机制研究. 地震，17(4)：389～395，

张永仙，王贵玲，侯新伟等.2000. 地下水循环对围岩温度场的影响及地热资源形成分析——以平顶山矿区为例. 地球学报，21(2)：142～146.

张素欣，杨卫东，张子广.2007. 唐山矿井模拟与数字水位的记震能力对比分析. 西北地震学报，29(2)：170～173.

张永仙，石耀霖，张国民.1991. 流量与水温关系的模型研究及地震水温前兆机制的探讨. 中国地震，7(3)：88～94.

张远东，魏加华，王光谦.2006. 区域流场对含水层采能区地温场的影响. 清华大学学报：自然科学版，46(9)：1518～1521.

张昭栋，郑金涵，耿杰等.2002. 地下水潮汐现象的物理机制和统一数学方程. 地震地质，24(2)：208～214.

张志辉，吴吉春，薛禹群等.1997. 含水层热量输运中自然热对流和水-岩热交换作用的研究. 工程地质学报，5(3)：269～275.

张子广，万迪堃，董守玉.1998. 水震波与地震面波的对比研究及其应用. 地震，18(4)：399～404.

张子广，张素欣，李薇等.2007. 昌黎井水温潮汐形成机理分析. 地震，27(3)：34～40.

赵刚，王军，何案华等.2009. 地热正常动态特征的研究. 地震，29(3)：109～116.

Baker E T, Fox C G, Cowen J P. 1999. Insitu observations of the onset of hydrothermal discharge during the 1998 submarine eruption of Axialvolcano. Juan de Fuca Ridge. Geophys. Res. Lett. , 26：3445～3448.

Brodsky E E, Roeloffs E, Woodcock D. 2003. A mechanism for sustained groundwater pressure changes induced by distant earthquakes. J. Geophy. Res, 08(B8)：2390.

Domenico P A, PalciauskasV V. 1979. Thermal Expansion of fluids and fracture initiation in compacting sediments. Geological Society of America Bulletin，90(6)：518～520.

Dziak R P, Chadwick W W, Fox C G et al. 2003. Hydrothermal temperature changes at the southern Juan de Fuca Ridge associated with $M_w 6.2$ Blanc transform earthquake. Geology，31：119～22.

Johnson H P, Hutnak M, Dziak R P et al. 2000. Earthquake-induced changes in a hydrothermal system on the Juan de Fuca mid-oceanridge. Nature，407：174～177.

Ma Z, Fu Z, Zhang Y et al. 1990. Earthquake Prediction：Nine Major Earthquakes in China (1966 - 1976). Beijing：Seismological Press.

Manga M. 2001. Origin of postseismic streamflow changes in ferred from baseflow recession and magnitude to distance relations. Geophys. Res. Letters. , 28(10)：2133～2136.

Mogi K, Mochizuki H, Kurokawa Y. 1989. Temperature changes in an artesian spring at Usami in the Izu

Peninsula(Japan)and their relation to earthquakes. Tectonophysics，159：95～108.

Montgomery D R，Manga M. 2003. Treamflow and water well responses to earthquakes. Science，300 (5628)：2047～2049.

Naoji Koizumi. 1990. 固体潮引起流量变化的地下水化学组分与温度分析. 地震地质译丛，1：29～35.

Roeloffs E A. 1998. Persistent water level changes in a well near Parkfield California. due to local and distant earthquakes. J. Geophys. Res. ，103(B1)：869～889.

Sohn R A，Fornari D J，VonDamm K L J et al. 1998. Seismic and hydrothermal evidence of acracking event on the East Pacific Rise near 98509N. Nature，396：159～161.

Wakita H，Nakamura Y，Sano Y. 1988. Short-term and intermediate-term geochemical precursors. Pure Appl. Geophys. ，126：267～278.

Wang C Y，Manga M. 2009. Earthquakes and Water. LectureNotes in Earth Sciences114. Berlin：Springer-Verlag Press.

# Research on the changes of borehole temperature induced by seismic waves

## Zhang Lei　　Liu Yaowei　　Zhang Bin

(Key Laboratory of Crustal Dynamics，Fluid Dynamics Lab，Institute of Crustal Dynamics，CEA，Beijing 100085，China)

The borehole temperature has a sensitive response to the earthquake. Temperature abnomaly before the earthquake and co-seismic response of water temperature have become a central issue in the earthquake fluid research. This paper summarizes temperature micro-dynamic phenomenas，introduces mechanism of water temperature changes caused by the seismic waves，and discusses the relationship between stress and borehole temperature. Research in this field may have important theoretical significances and application values for further study the role of borehole temperature in earthquake monitoring and prediction.

# 东三旗地震台萨克斯体应变仪的升级改造

马京杰[1]　　李海亮[1]　　李秀环[1]　　曹　开[2]

(1. 中国地震局地壳应力研究所　北京　100085)

(2. 北京市地震局　北京　100038)

**摘　要**　东三旗地震台的萨克斯体应变仪已经工作了 20 多年，数据采集器已经不适应新的要求了，为了使体应变能够满足地震局"十五"规程对前兆仪器的要求，我们对其进行了升级改造。

## 一、引　言

东三旗地震台地处北京市昌平区，大地构造属于华北地区北部燕山构造带和新华夏构造带的交汇部位，区域构造位于北京南口—孙河断裂与怀柔—涿县断裂交汇点附近。

东三旗台是首都圈萨克斯体应变综合观测台网的一个子站，始建于 1986 年 7 月，至今已有 20 多年。钻孔井深 285m，第四系厚 198m，由黏土、砂土和薄砾石层组成，探头置于井下 285m 处震旦系白云质灰岩中。2001 年体应变仪完成数字化改造，2002 年 7 月前后受雷击经过大修，正常情况下，固体潮记录明显(吴培稚等，2006；张凌空，2005)。

按地震局"十五"的规程要求，新入网仪器全部采用网络技术实现设备的数据传输和通讯，以实现 IP 到仪器的设计目标；每一台前兆设备编制 12 位设备唯一 ID 号，方便用户对设备的识别；而且具有设备自动校时、数据文件名格式统一等优点(中国地震局编，2005)。东三旗体应变数据采集系统已经不满足这些要求了，为了让体应变产出的数据更好地为地震预报服务，必须对其按照"十五"规程的要求进行升级改造。

## 二、仪器的升级改造

为了能够把美国萨克斯体应变仪改造好，我们首先应该了解其现在的状况。根据现场观察，现在的传输系统为数据经探头送上地面后先进行地面放大 10 倍后，传送给专门的数据采集器。对数据放大和对井下供电都是由地面的仪器来完成。

考虑到萨克斯体应变仪的放大系统和我们的不一样，而且现在运行良好，为稳妥起见，只改造其采集系统。

采集系统选用我们国产 TJ-2 型体应变仪的数据采集器，其技术指标如表 1(苏恺之等，2003)。而且这套采集器满足"十五"规程的一切要求，正好用来采集萨克斯体应变仪产出数据。

表 1    采集器技术指标

| 仪器通道数 | 4 个(体应变、温度、气压和水位) |
|---|---|
| 存储容量 | ＞100 天的数据 |
| 采样率 | 1 次/分钟 |
| 功耗 | ＜5W |
| 体积 | 标准 3U 机箱 |
| 时钟服务 | ＜1s/d |

将萨克斯体应变仪放大后的信号线接入我们这套采集器，面板显示数据正常，然后将仪器 IP 配置好后，就可以进行远程访问了。首先我们通过网页方式登录，如图 1；然后，我们又试验了用软件登录，登录正常(图 2)；收取整天数据、当前数据等功能均正常。

图 1    网页截图

通过对比升级改造前的数据曲线(图 3)和改造后的数据曲线(图 4)，输出为毫伏值，未乘格值)，发现两天曲线形态基本一致，由此可以看出，升级改造后的采集器能够如实地记录体应变的产出数据，适逢这天日本本州东海岸附近发生 6.9 级地震，体应变也有对地震波的记录(图 4)。

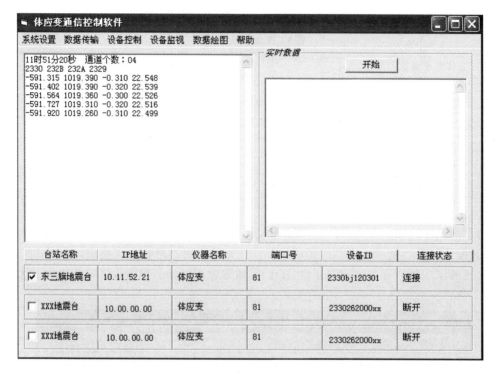

图 2　软件登录

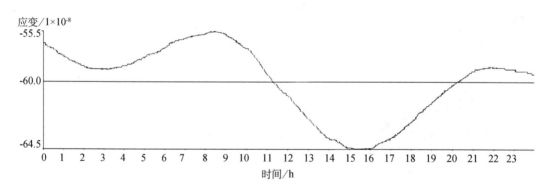

图 3　改造前数据曲线

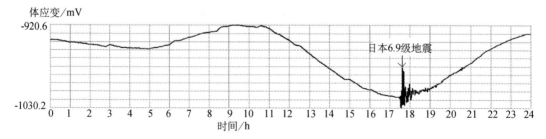

图 4　改造后数据曲线

# 三、小　　结

　　东三旗台的萨克斯体应变仪通过升级改造后，在保证忠实记录探头产出数据的基础上，使仪器具有了"十五"规程要求的各项功能，仪器的工作状态能够通过网络进行有效的监控，提高了维护设备的实时性、有效性，产出的数据也更易于管理和使用，使体应变仪能够更好地服务于地震监测工作。

## 参 考 文 献

苏恺之，李海亮，张钧等．2003．钻孔地应变观测新进展．北京：地震出版社．

吴培稚，徐平，邢成起等．2006．东三旗台站的 GPS、体应变和水位观测．地震，26(3)：131～135．

张凌空．2005．东三旗台 2004 年和 2005 年印尼地震体应变观测报告．地壳构造与地壳应力(1)：18～19．

中国地震局编．2005．中国地震前兆台网技术规程．北京：地震出版社．

# The upgrade of Sacks-Evertson's body-strain meter in Dongsanqi Station

**Ma Jingjie**[1]　　**Li Hailiang**[1]　　**Li Xiuhuan**[1]　　**Cao Kai**[2]

(1. Institute of Crustal Dynamics，CEA，Beijing 100085，China)

(2. Earthquake Administration of Beijing municipality)

The Sacks-Evertson's body-strain meter has been working for more than 20 years in Dongsanqi Station，and its data acquisition system does not meet the new requirements. The body-strain meter was upgraded to meet the requirements of "the Tenth Five-Year Plan" of China Earthquake Administration on the precursor instrument.

# 中国地震地电场观测资料研究综述[*]

颜　蕊　王兰炜　张世中　胡　哲
朱　旭　张兴国　张　宇　刘大鹏

（中国地震局地壳应力研究所　北京　100085）

**摘　要**　地震地电场观测是一种获取地震短临前兆信息的有效观测手段之一，我国已建成百余个地震地电场观测台站，对于这些台站观测资料的研究已取得了较好的成果。本文在总结前人成果的基础上，叙述了国内外地震地电场观测系统的发展过程，地电场在正常状态时的季节特性、日变形态、极化特征及其与地磁场的相关性，以及地震地电场前兆信息的提取方法，并分析了异常信息特征；此外，对地电暴时地电场的形态变化及其幅度特征进行了总结；最后，对 2009 年刚刚开始试验观测的垂直地电场观测研究现状进行了概略介绍。

## 一、引　言

孕震过程中，地壳介质、孕震应力等环境因素的变化可引起地壳介质的电性变化，地壳介质的电性变化又会引起地表大地电场的变化，因而开展地电场观测与研究，探索孕震过程中地电场的变化特征及其机理，对地震地电前兆观测研究具有重要意义，也是一种获取地震短临前兆信息的有效方法之一（毛桐恩等，1999）。

目前，我国的地电场观测主要观测的是地电场的地表分量及其时空变化（高玉芬等，2001）。根据不同场源，分布于地表的地电场可以划分为大地电场和自然电场两大部分，其中大地电场是由地球外部的各种场源在地球表面感应产生的分布于整个地表或较大地域的变化电场，一般具有广域性；自然电场是地下介质由于各种物理、化学作用在地表形成的较为稳定的电场，一般具有局部性（钱家栋等，1995）。地电场既受源的控制，又受局部介质电性结构的影响，而显示出区域性差异。在地震预测研究中，场量前兆和物质电性参数前兆是地震地电学关注的两类重要参数，自然电场属于场量前兆，而大地电场主要为提取地球介质物性前兆的方法之一（马钦忠，2008）。目前在地电场观测资料研究中，还很难将自然电场和大地电场清楚地区分开来。

本文对地震地电场观测系统的发展过程进行概述，并对我国地电场观测资料的相关研

---

\*　基金项目：中国地震局地壳应力研究所中央公益性基本科研业务专项 ZDJ2011－06 资助。

究成果进行分析和总结，同时对刚刚开始试验观测的垂直地电场观测作了概略介绍。

## 二、地电场观测系统发展

20 世纪 80 年代初，希腊雅典大学 VAN（即 Varotsos P，Alexopoulos K 和 Nomicos K 领导的研究小组）建立了由 18 个观测台组成的遥测台网，连续观测地震电磁信号的变化（Varotsos et al.，1984；Kinoshita et al.，1989；Nagao et al.，1996）。他们将地电场观测系统由单一极距改造为多极距，通过比较同一方位、不同极距装置系统的地电场分量的大小，判断地电场是否受到台站附近某种干扰因素的影响，实现排除观测噪音的目的（马钦忠等，2008）。随着他们多次较为成功的地震预报和试验研究，利用监测的地电场变化来预测地震在国际学术界引起了极大的反响（沈红会等，2005；赵洁等，2009）。

我国最早开展地电场观测是在 1966 年邢台地震后。1967 年赵玉林等在河北建成首座地电观测台，曾记录到许多震前异常变化（赵玉林等，1981；钱复业等，1998）；1985 年赵家骝等在甘肃开展数字化地震地电场试测；1990 年钱家栋等与法国国家科学研究中心（CNRS）在甘肃天祝建立地震地电场国际合作观测台（马钦忠等，2009），但因当时观测系统采用铅作电极，极化电位大且不稳定，使记录的地电场变化信息中绝大部分反应的是极化电位的变化，致使其未能推广继而不能进行有效的观测和研究（钱复业等，2005；林向东等，2007）。

"九五"期间，受到希腊 VAN 地震预报方法及其先进观测技术的影响和启发，我国又重新开始地电场观测研究。这次充分借鉴国内外地电场研究领域的重要进展，采用电子技术的最新成果，成功研制出用于地电场观测的"ZD9A 地电场仪"，解决了地电场观测中比较突出的分辨力、动态范围及稳定性、可靠性、抗干扰能力等一系列关键技术问题。同时，研制成功了 Pb-PbCl2 固体不极化电极，有效地解决了测量电极的一致性和长期稳定性。ZD9A 地电场仪的研制成功，使电场观测数据的质量和采样密度都得到极大提高，为进一步提取震前地电场异常信号提供了可靠的保障（林向东等，2007；席继楼等，2002；史红军等，2009，2010）。

随后，在 2004 和 2006 年，我国相继颁布了地震地电场台站环境保护和建设标准（钱家栋等，2004；杜学彬等，2006）。截至到目前，我国已建成一百余个地震地电场观测台（黄清华，2005）。在我国大规模地电场观测网建设中，针对广泛存在的电极电位差、稳定性差以及环境干扰的识别与排除难等问题，主要采用以下两类技术措施予以解决：①使用固体不极化电极作为测量电极，并对电极埋设提出特殊的技术要求，以保证电极电位差较小并且具有较好的长期稳定性；②在观测站布设多极距装置系统，以尽可能实现对环境干扰的识别和排除，保证地电场观测的客观性（田山等，2009）。目前中国大陆地震地电场观测多为定点大地电场测量，测量频段基本在 DC～0.005Hz，采用地电场水平分量多测向、多极距测量方式，长、短极距比在 1.5 左右，长极距多在 300～400m（杜学彬等，2006）。

# 三、地电场观测数据的正常变化特征

## 1. 地电场季节特性

不同位置的台站，其观测资料部分测向长趋势变化既有相似性，也存在差异性。对多个台站观测资料研究总结知：受远源空间电流体系影响，地电场和地磁场有共同季节效应变化，在磁静日正常情况下，台站记录的地电场东西、南北两测向日变形态明显，夏季日变幅最大；春季和冬季日变幅最小(郭建芳等，2010)。但台址不同，也存在南北、东西两测向夏低冬高，或者南北向长短两个极距、东西向长极距、北西向长极距夏低冬高的动态特征，而东西向短极距则显示出夏高冬低的年动态现象(卫定军，2010)。究其原因可能是：①地电场观测中的自然电场是地下介质由各种物理、化学作用在地表形成的较为稳定的电场，一般具有局域性(毛桐恩，1999)；②自然环境干扰，比如刮大风使线路摆动、空气温湿度大可能使线路接头锈蚀、测区附近浇地和噪音等会对地电场的日变幅产生不同程度的影响，目前要排除这些干扰仍是一项比较困难的工作(郭建芳等，2010)。

## 2. 地电场日变形态和周期性

地电场可以记录到日变化周期特性，其中大地电场日变化研究较多(郭建芳，2010)。根据前人研究，地电场变化形态在同台站具有重现性、区域同步性等特征。本文总结了地电场日变形态和周期性，具体如下：

(1)大多数情况，大地电场即使测向和极距不同，都具有较规则的日变化形态，呈现典型的"双峰双谷"或"双峰单谷"变化形态，两峰峰值接近，两谷的幅度却呈现出强-弱变化特征(史红军等，2010；沈红会等，2002；郭建芳等，2010)，有时也出现单峰单谷等波形①。也有测向不同，则形态不同的情况，如北南测向显示为双峰单谷，而东西测向则表现为双峰双谷形态；北东测向介于南北和东西之间，既可看出双峰单谷变化，也显现出双峰双谷的形态(解用明等，2006；叶青等②，2006，2007)。

(2)峰谷极值时间与本地日出和日落时间吻合，根据几个台站观测资料统计结果：第一峰值到时势集中在北京时5～8时，谷值优势集中在11～13时，第二峰值时间优势集中在16～18时，第二谷值较弱(史红军等，2010；解用明等，2006)。

(3)地电场的日变化包含多种频率成分，其中，半日波(12h)、全日波(24h)是大地电场日变化主要的周期成分，同时也存在8h周期成分。一般来说，半日波强于全日波，8h周期小于全日波。前人研究知：从日变化频谱看，12h的半日波成分最强且在不同年份和月份、经纬度差异大的观测台站出现，这显然是大地电场日变化的普遍性特征(叶青，2006，2007；KpaeB，1950)。

## 3. 地电场极化特征

某些台站的大地电场在1小时至数小时，甚至一天内都呈线性极化，是当地正常电磁

---

① 杜学彬，叶青，李宁等．2006．地球电场变化的基本要素研究结题报告。
② 叶青．2006．地电场变化的基本要素研究及物理解释．兰州地震研究所学位论文．

场变化的结果，也就是说大地电场在很多情况下是线性极化形态。大地电场极化的原因是由于天电在地球内部感应而成，它应属于大地电场的正常变化。只有在降雨、雷电、磁暴或地震前兆异常等情况下，电极的极化规律才会发生变化。这种极化现象会随着时间的推移而产生平移，但极化方向基本保持不变（沈红会等，2002；阮爱国等，2000）。由于地电场观测台站周围环境的不同，不是所有的台站都出现明显的线性极化现象（史红军等，2010）。

**4. 地电场与地磁场的相关性**

电场和磁场是密不可分互相影响的重要物理场。两者之间的关系遵循麦克斯韦方程，即电场强度与磁场强度对时间的偏导数成正比，因此，在均匀介质条件下，磁场南北分量的一阶差分与电场东西分量形态是一致的。但实际情况下，很难有均匀介质，电场分量和磁场分量并不正交（徐文耀，2003；郭建芳等，2010）。因此，地电场和地磁场既有联系又有区别，地电场观测受多方面因素影响，而地磁场影响源比较单一，主要受空间电流体系的影响，二者观测到的信息有本质区别。

从多个台站观测数据看，地电场和地磁场日变化比较一致，尤其在有磁暴时，受更多空间电磁干扰，与地磁总场的变化更为同步，几乎没有相位差（郭建芳等，2010）。因此，同一台站暴时磁场变化率与相应地电场记录分量无论在形态上、幅度上还是在周期成分上都有很好的相关性（郭建芳等，2010；张颖等，2008；张素琴等，2010）。

# 四、地电场地震异常信息提取及其特征

不同地震前，地电场异常变化形态具有相似性和重复性，证明了地电场观测确实能监测到地震前的短临变化异常。因此国内外均已开展地电场观测用于地震预测的研究，并记录到了部分地震电信号。

在排除各种干扰的理想情况下，地电场在震前产生前兆的可能原因是：在强震的孕育过程中，特别是临近地震发生的阶段，由于孕震环境的急剧变化，会在震源区形成强烈的电荷源，从而导致异常地电场，或者是调整单元流体运移产生的过滤电势导致异常（马钦忠等，2003；钱书清，2003）。本文在相关资料分析的基础上，对国内地震地电场异常提取方法及异常信号特征进行了总结。

**1. 时间域原始数据及均值可视化处理**

从自然电场和大地电场两种不同物理机制的地电场变化中提取异常信息，探索异常信息的时空分布及其与中强地震发生之间的关系，多采用原始数据或均值时间域可视化分析方法。

（1）地电场观测数据时间曲线经常在震前发生畸变现象。异常信号以阶变形式居多，地震多发生在抬升、下降过程中。电场异常一般出现在震前2～3个月或者更短时间内。随着地震的发生，异常会快速结束，因此在时间上与地震有较好的吻合，短临特性比较显著（沈红会等，2006；史红军等，2007）。异常变化幅度大于正常时序叠加数据日变化幅度的数倍。

(2)自然电场短临异常持续几天至10多天，异常形态相对稳定，变化幅度最大达到几十mV/km；大地电场波形畸变现象与自然电场相比持续时间短，一般在几天内，波形畸变现象一般出现在临震前或地震当天，震后即消失(钱复业等，2005)。

(3)根据国内已有研究：地震前同一台站地电场同一测向的各个测道会同时出现相应的日变形态畸变和日变幅度的明显变化；较大破坏性地震前这种异常变化会发生在多个测向和测道(马钦忠等，2004；李艳等，2010)。同一地震不同台站出现的异常现象存在时间不同步，并且异常结束至发震时间间隔也不同，异常幅度的大小与震中的距离不一定成正比关系。

## 2. 长短极距比值法

目前国内布设的地电场观测多为多极距观测系统，多极距观测是指在东西方向和南北方向布设多道长短不同的电极距。使用地电场观测系统中同一测向的长、短极距测值的比值方法，能够较好地排除来自大地电场及自然电场远场的变化信息，突出了可识别的地震前兆异常信息(马钦忠等，2004)。

文安5.5级地震前根据距离其最近的静海地震台实际观测结果发现：地震前后，地电场东西测向长、短极距比值出现突跳异常，如图1；原始曲线清晰记录到临震时的扰动异常，异常信号来源指向震中方向(马君钊等，2009)。但是由于测量电极的极化电位不同，测量区域的场地条件的差异等原因，使得这一比值在不同的台站、不同的测向有所不同，但观测系统稳定后，其比值基本稳定在一个固定的数值上变化。而且，地电场观测的台址条件和台址到震中的距离与震前地电场比值异常出现的时间和幅度有关。

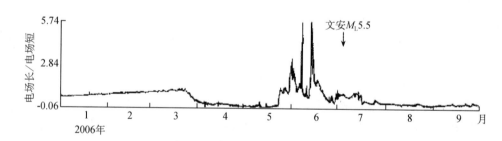

图1　2006年6月文安5.5级地震前静海台电场NS向的比值异常(据马君钊等，2009)

## 3. 地电场极化特征分析法

利用地电场的极化特征，有助于研究地电场地震前兆现象，目前采用最多的方法主要有以下两种：

(1)极化斜率法。

采用最小二乘法计算一定时间段内电场方位斜率的拟合值。在电场的正常变化中，南北向和东西向是同步变化的，因此一般呈现为斜率稳定的线性极化。在出现异常时，电场的方位角也会随之变化，极化可能不再线性，因此可以通过判断极化斜率来检验数据是否出现异常(毛桐恩等，1999)。

（2）垂直极化投影法。

垂直极化投影法是以线性极化的方向为轴，根据每个观测点在轴上的投影来判断数据的异常情况（阮爱国等，2000），即：以线性极化方向为横轴、以垂直线性极化的方向为纵轴，每个观测点在纵轴上投影，则正常变化在纵轴上的变化范围非常小，因此达到了把正常背景变化分离出去而突出了异常变化信息的目的。需要强调的是得到的异常信号还不一定是地震前兆信息，如降雨、雷电、磁暴、电极电位的突变等都不满足地电场的线性极化规律。

# 五、地电场对地电暴的响应研究

地电暴是指在磁暴期间记录到的地电场剧烈变化（席继楼等，2002）。地电学中目前对地电暴的变化过程没有十分明确的解释，一般根据磁暴定义来讨论地电暴形态（郭建芳等，2010）。在强磁暴发生时，每个地电场观测台站会同时记录到较大的波动异常，尤其当地磁指数 $K>6$ 时，在各台不同极距、不同方向都能记录到同步的异常信息，而且异常形态非常相似；异常持续的时间和强度与磁暴的持续时间及强度呈很好的正相关（张素琴等，2010）。较大地电暴具有信号幅度大、分布范围广、持续时间长等特点；准确识别地电暴，有利于地电场地震前兆异常的观测和分析。

（1）地电暴时地电场波动幅度。

地电暴时观测到的地电场变化形态与静日变化不同，主要表现在：整个地电暴期间大地电场会出现短周期的剧烈起伏变化，主要以变幅增大、时间同步为特征，暴时频谱成分存在不一致的现象（张素琴等，2010；郭建芳，2010）；而且随着磁暴强度增大，扰动程度也加大。

（2）地电暴时地电场各测向数据的相关性。

由于磁暴是全球同时发生，各观测台地电场不同方向都会受到影响，地电场的变化与磁暴的发生是同步的。各观测台同一方向电场的变化，不但时间同步，且形态也一致（张振文等，2010）。由于一定区域内对地电场同方向长短极距的影响是同步的，故在磁暴发生期间，当日地电场各测向的相关系数会比邻近的磁静日的高，尤其是当某测向的相关系数在正常状态下相对较低时更为明显（张学民等，2006）。主要原因是发生地电暴时记录到的空间强大电磁场幅度远远超过了平常的电场变化幅度。

（3）地电暴时地电场形态变化。

当地电暴扰动剧烈时，也可以记录到初相、主相和恢复相完整形态；当地电暴强度偏弱时，其变化形态逐渐不清晰（郭建芳等，2010）。完整的形态过程主要有：与磁暴初相同时出现持续数小时的地电暴初相，之后随磁暴主相开始，电暴主相开始大幅度变化，电暴主相幅度最大的时段对应磁暴主相形成过程中磁场变化最快的时段。在磁暴恢复相开始时，电暴开始恢复，如图 2 所示（郭建芳等，2010；叶青等，2007）。

不同台站地电暴急始变幅、扰动最大变幅不尽相同。变幅差别偏大的原因与台站地下介质电性结构有关，浅层电阻率大的台站，地电暴扰动越大，变幅越明显。

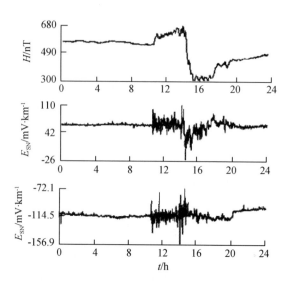

图 2　昌黎地震台 2005 年 5 月 15 日磁暴(SC，K＝9)(据郭建芳等，2010)

# 六、垂直地电场观测的发展

以上有关地电场的正常变化特征、前兆特性和磁暴特征等方面的研究，都是基于我国已建成的大规模、规范化的水平方向地电场观测台网的数据资料。垂直地电观测由于场地和经费的限制，国际国内的观测研究较少(郝建国，2001)。国际上，Antonopoulous 等(1993)在希腊进行过垂直地电场观测，研究中发现垂直电场与水平电场具有非常高的相关性，并发现了疑似地震前兆现象的垂直地电场变化。Karl Kappler 等(2005)在 2004~2005 年间的垂直电场观测中发现了可能与地震有关的异常扰动，并提出将垂直地电场与水平地电场共同监测研究的建议。

国内垂直地电场方面的监测研究起步较晚。王兰炜等 2009 年在甘肃天祝地区布设了垂直地电场观测系统，开始垂直地电场的观测，垂直地电场观测用的固体不极化电极与以往不同，着重提高电极的长期可靠性。通过近两年的观测，初步总结出：①垂直地电场存在明显的日变化，从频谱分析结果看，日变化周期为 80000s 左右(大约 24h)，各台的日变化形态稍有不同，呈单峰双谷或单峰单谷形态；②三个台的垂直地电场存在长趋势变化，并且变化形态类似，接近于正弦曲线形态(王兰炜，2011)。

对于垂直地电场的试验研究今后会继续进行。垂直地电场的发展将能够补充现有水平地电场观测的单一性，为地震和地球物理等方面的研究提供更充分的观测资料。

# 七、结  论

本文总结了我国地电场观测系统的发展过程。并在前人研究成果的基础上，重点归纳了地电场观测数据的正常变化特征、提取地震和磁暴等事件的方法以及事件发生时的地电场表现出的异常反应。通过对正常变化特征的熟悉以及异常提取方法的掌握，可以更好地提取出地震和磁暴等事件异常前兆信息，使电场观测在地球物理、地震监测预报等领域发挥更重要的作用

此外，垂直地电场观测是对当前主要以水平电场观测的重要补充，目前只在天祝地区建立了 3 个试验点，有必要将其在我国全面推广，与水平地电场结合，共同发挥作用。

## 参 考 文 献

杜学彬，席继楼，谭大诚等 . 2006. 地震台站建设规范，地电台站，第 2 部分：地电场台站 . 中华人民共和国地震行业标准 . 北京：科学出版社 .

高玉芬，钱家栋 . 2001. 地震及前兆数字观测技术规范（电磁观测）. 北京：地震出版社 .

郭建芳，李非，张秀霞等 . 2010. 地电场日变幅与地电暴分析 . 地震地磁观测与研究，31(3)：18～23.

郝建国，张云福 . 2001. 地震静电预测学 . 山东东营：石油大学出版社 .

黄清华 . 2005. 地震电磁观测研究简述 . 国际地震动态，323(11)：2～5.

李艳，高振强，荆红亮等 . 2010. 青海海西 6.4 级地震前临汾台石英摆及大地电场短临异常分析 . 山西地震，141(1)：30～33.

林向东，徐平，鲁跃等 . 2007. 地电场观测中几种常见干扰 . 华北地震科学，25(1)：16～21.

马钦忠 . 2008. 地电场多极距观测装置系统与文安 $M_S$5.1 地震前首都圈地电场异常研究 . 地震学报，30(6)：615～625.

马钦忠，赵卫国，张文平 . 2009. 文县地电场震前异常变化及其在 2001 年昆仑山口西 $M_S$8.1 地震预测研究中的应用 . 地震学报，31(6)：660～670.

马钦忠，钱家栋 . 2003. 地下电性非均匀结构对地电场信号的影响 . 地震，23(1)：1～7.

马钦忠，冯志生，宋治平等 . 2004. 崇明与南京台震前地电场变化异常分析 . 地震学报，26(3)：304～312.

马君钊，田山，王建国等 . 2009. 文安 5.5 地震前的大地电场异常初探 . 国际地震动态，367(7)：63～68.

毛桐恩，席继楼，王燕琼等 . 1999. 地震过程中的大地电场变化特征 . 地球物理学报，42(4)：520～528.

钱复业，赵玉林，卢军等 . 1998. 孔压弱化失稳的系统辨识及大地电场短临前兆 . 地震地电学发展与展望 . 兰州：兰州大学出版社 .

钱复业，赵玉林 . 2005. 地电场短临预报方法研究 . 地震，25(2)：33～40.

钱家栋，林云芳 . 1995. 地震电磁观测技术 . 北京：地震出版社 .

钱家栋，顾左文，赵家骝等 . 2004. 地震台站观测环境技术要求，第 2 部分，电磁观测 . 中华人民共和国国家标准 . 中华人民共和国国家质量监督检验检疫总局、中国国家标准化管理委员会发布 .

钱书清 . 2003. 岩石受压破裂的 ULF 和 LF 电磁前兆信号 . 中国地震，19(2)：109～116.

阮爱国，赵和云 . 2000. 提取地震地电场异常的垂直极化方向投影法 . 地震学报，22(2)：171～175.

沈红会，冯志生，李伟等．2005．地电场观测中若干问题的讨论．华南地震，25(4)：10～16．

沈红会，王海云，刘广宽等．2002．南京地震台的大地电场观测场地建设及对其初步观测资料的分析．
地震学刊，22(2)：17～23．

沈红会，冯志生，燕明芝等．2006．地电场震前变化的探讨．西北地震学报，28(1)：74～77．

史红军．2009．地电场观测过程中的干扰因素分析．东北地震研究，25(2)：51～57．

史红军，杨桐，赵卫星等．2010．榆树地震台地电场观测数据分析．地震地磁观测与研究，31(3)：126～
134．

史红军，赵卫星，张振文等．2007．林甸 5.1 级和乾安-前郭 5.2 级地震前榆树台地电场异常特征分析．
东北地震研究，23(4)：19～26．

田山，王建国，徐学恭等．2009．大地电场观测地震前兆异常提取技术研究．地震学报，31(4)：424
～431．

王兰炜，张世中，康云生等．2011．垂直电场观测试验及数据初步分析．地震学报，33(4)：461～470．

卫定军．2010．宁夏石嘴山和固原大地电场资料对比分析．内陆地震，24(1)：64～72．

席继楼，赵家骝，王燕琼等．2002．地电场观测技术研究．地震，22(2)：67～73．

解用明，韩和平，高登平等．2006．大地电场日变化特征．山西地震，127(3)：1～4．

徐文耀．2003．地磁学．北京：地震出版社．

叶青，杜学彬，周克昌等．2007．大地电场变化的频谱特征．地震学报，29(4)：382～390．

张素琴，杨冬梅．2010．磁暴时磁场变化率与地电场相关性研究．地震地磁观测与研究，31(3)：7～12．

张学民，郭建芳，郭学增．2006．河北省数字地电场数据分析．中国地震，22(1)：64～75．

张颖，席继楼．2008．区域地电场观测数据分析研究．地震地磁观测与研究，29(3)：29～34．

张振文，赵卫星，杨桐等．2010．地电场观测中地电暴的识别．防灾减灾学报，26(2)：40～47．

赵洁，杜学彬，胡建军等．2009．嘉峪关地电场观测资料分析．西北地震学报，31(3)：290～295．

赵玉林，钱复业．1981．大地电场的临震周期．地震，3(2)：13～16．

KpaeB A J'I. 1950. 地电原理(上册)，中央地质部编译室译．北京：地质出版社．

Antonopulos G．，Kopanas K．，Eftaxiaas K．，et al. 1993. On the experimental evidence for SES vertical
component. Tectonophysics，224：47～49．

Karl Kappler，H. Frank Morrison. 2005. Observation and Analysis of Vertical Electric Fields in the Earth
[R]，Berkeley Seismological Laboratory Annual Reports.

Kinoshita M．，Uyeshima M．，Uyeda S. . 1989. Earthquake prediction research by means of telluric poten-
tial monitoring. Progress Rep. 1：linstallation of monitoring network. Bull Earthq Res Inst，64：255～
311．

Nagao T．，Uyeda S．，Asai Y．，et al. 1996. Anomalous changes in geoelectric potential preceding four
earthquakes in Japan. Lighthill J ed. A Critical Review of VAN. Singapore，World Scientific：292
～300．

Varotsos P，Alexopoulous K. 1984. Physical properties of the variations of the electric field of the earth pre-
ceding earthquakes. Tectophysics，110：73～98．

# Review on geoelectric field data observed in China

## Yan Rui　Hu Zhe　Zhu Xu　Zhang Xingguo　Zhang Yu

(Institute of Crustal Dynamics, CEA, Beijing 100085, China)

The geoelectric field observation is one of the effective ways of acquiring short-term and impending earthquake precursor, and more than 100 observing stations have been built in China. Some research results about the data observed in these stations have been achieved, and were summarized, analyzed and discussed in this paper. Firstly, the development processes of geoelectric field observation system at home and abroad were summarized. Secondly, based on the previous achievements, the season variation, daily shape, polarization characteristics and the correlation with geomagnetic field in the regular state of geoelectric field were summarized. The methods of extracting earthquake precursors were discussed, including data visualization in time domain, the ratio of long to short electrode spacing observation in the same measuring direction, the polarization characteristics, and then, the anomaly information observed were analyzed. In addition, the changing shape and amplitude characteristic of geoelectric field during the electric storms were summarized. Finally, the vertical electric field observation just started in 2009 was introduced, and combining the development of telluric electric field and space electric field observation, the paper discussed the development prospects of earthquake geoelectric field monitoring in China.

# 数字强震仪校准技术的研究综述[*]

## 甄宏伟[1]　杨树新[1]　张周术[2]

(1. 中国地震局地壳应力研究所　北京　100085)
(2. 中国地震灾害防御中心　北京　100029)

**摘　要**　数字强震仪是地震工程学和近场地震学研究中获得客观定量数据的主要仪器，其精度直接影响强震观测数据的质量，校准是确保数字强震仪精度的最佳方式。对数字强震仪进行校准时，校准方法的溯源性和不确定度分析是关键。本文介绍了数字强震仪校准技术的国内外研究现状，阐述了数字强震仪校准的各种方法原理，针对每种方法存在的优缺点进行了探讨和总结，并通过分析得到一些认识。

## 一、引　言

随着数字强震动台网的建设，不同国家、不同厂家、不同类型的数字强震仪安装于全国各地的强震动观测台站(高光伊等，2001；周雍年，2001，2006)。但是，这些数字强震仪获取数据的精度和统一性却没有得到足够重视。为了使强震动台网达到最佳观测效果和研究价值，需要对入网数字强震仪的精度、稳定性和兼容性等提出更高要求。数字强震仪是具有零频响应的高灵敏度地震仪器，其内部多采用力平衡加速度计作为传感器，属于振动传感器，频率响应范围多为 DC～120Hz。一般情况下，传感器在研制、安装和使用一段时间后，必须对其进行校准，以确定各项性能指标的准确程度。校准的主要任务是通过统一的校准方法确定传感器的输入量与输出量之间的关系，同时确定不同使用条件下的误差关系(即不确定度分析)(李科杰，2002；国家质量监督检验检疫总局，2010，2011)。通过校准实现数字强震仪所测物理量的量值传递和量值溯源，可以确保数字强震仪的精度，提高强震动观测数据的质量，从而有利于得到最接近真实的强地震动响应。本文介绍了数字强震仪校准技术的国内外研究现状，阐述了现有数字强震仪校准的各种方法原理，总结了每种方法的优缺点，并通过分析得到一些认识。

---

\* 地震行业科研专项(编号 200708040)资助。

# 二、数字强震仪校准技术的研究现状

数字强震仪属于振动传感器类别，振动传感器校准属于振动计量范畴，所以数字强震仪校准技术属于振动计量的范畴。国际标准化组织 ISO 自 1998 年起针对振动和冲击传感器陆续出台了 ISO 16063 系列标准，而我国自 2008 年起根据自身国情，参考 ISO 16063 系列国际标准，也陆续发布了 GB/T 20485 系列推荐性国家标准（国家质量监督检验检疫总局，2006，2007）。数字强震仪的频带范围为 DC～120Hz，其校准应属于低频和超低频校准范围。现在，各国普遍已完成 0.1Hz～50kHz 频率范围内直线振动传感器幅值和相位基准的研究和建立工作。但是随着低频和超低频振动传感器的广泛应用，以及长、高、柔等大型工程建筑结构及防震减灾科研项目等的大量增加，0.1Hz～50kHz 的测量范围远已不能满足校准要求，所以对低频和超低频振动量值溯源的研究成为振动计量领域的一个重要发展方向。

## 1. 国外数字强震仪校准技术发展及现状

俄罗斯是世界上较早建立振动计量的国家之一，其中门捷列夫计量科学研究院在低频和超低频振动校准方面的研究成果较为突出，20 世纪 90 年代初，他们采用位移反馈控制技术研制出一种低频水平向标准振动台，工作频率范围为 0.1Hz，最大位移峰值为 250mm，加速度谐波失真度小于 1.7%；随后他们发明一种虚拟摆台，其校准频率下限可达 0.001Hz，配以激光干涉测量装置即可实现对强震观测传感器的绝对校准（高金芳等，2000）。

德国物理技术研究院 PTB 的振动计量技术为国际领先水平，其低频振动标准频率范围为 0.1～20Hz，标准加速度计灵敏度幅值测量的不确定度（$k=2$）为 <0.2%，此外他们还研发了一套频率下限达 0.01Hz，最大峰-峰位移达 1m，加速度失真度小于 1% 的超低频标准振动台系统（Von Martens，2004）。

美国于 1975 年建立低频振动基准，在 2～55Hz 范围内的校准精度达到 1%（Cyril M. et al，2002）；到 20 世纪 90 年代初，美国 ENDEVCO 公司研发了一套正弦扫描全自动振动传感器校准系统，该系统采用比较校准法，通过正弦扫描方式可测量 1～5000Hz 频率范围的振动，振动校准不确定度达到 1%，该系统最主要特点是实现了全部校准过程自动化，减小了校准过程中外来因素的误差，大大提高了校准的可行性及精度；此外，为了满足强震观测仪器的需要，美国标准技术研究院 NIST 研制出振幅为 1m，在 0.1Hz 处产生 0.4m/s$^2$ 加速度的低频振动校准系统（Yu. V. et al，1994；Dick R. et al，2001）。

日本和欧洲等发达国家都十分重视振动计量的研究，均建立了相应的标准振动系统。日本还很重视试验台的应用研究，例如日本的岛津、东京横机、东京试验机等企业都是世界上赫赫有名的试验机生产厂家；同时日本对计量校准工作的重视还上升到法律层面，1993 年开始按规定进行校准实验室的认证（张龙飞，2008）[1]。

---

[1] 张龙飞.2008.超低频振动校准系统中的测量技术及管线拖曳装置的研究.浙江大学硕士学位论文.

**2. 国内数字强震仪校准技术发展及现状**

我国在开展低频、超低频振动校准方面属于起步较早的国家之一(于梅,2007a)。1979 年,中国测试技术研究所研制成功低频振动标准装置,从而建立了我国的低频振动基准,校准精度在 2~100Hz 范围内小于 2%;1983 年,浙江大学研制成功"低频垂直向和水平振动国家基准装置",当时实现了垂直向振动台在 2~600Hz 内、水平向振动台在 2~350Hz 频段内加速度谐波失真度小于 1% 的技术指标;1993 年浙江大学又研制成功低频小位移振动台,最大位移振幅为 20mm,采用加速度和速度反馈技术实现了垂直台在 0.2~400Hz 频段内、水平台 0.5~200Hz 频段内的加速度谐波失真度小于 1% 的技术指标;1998 年,中国地震局工程力学研究所在浙江大学研制振动台的基础上,采用复合速度反馈技术实现了 0.05~1Hz 段的加速度谐波失真度小于 1% 的技术指标,并利用相对速度反馈技术,研制成功 XS 型小型伺服振动台(中国地震局震害防御司,2008);2005 年,浙江大学和中国地震局分析预报中心联合研制的"甚低频标准振动装置",其工作频率范围 0.01~80Hz,最大位移峰-峰值为 20mm,最大满载加速度为 10m/s²,在整个频段上实现了位移失真度小于 1%。同年,计量院在原低频垂直向振动副基准上实现了振动传感器复灵敏度(幅值和相位)的精确校准,其频率范围为 0.1~100Hz,最大位移峰-峰值为 40mm,最大加速度为 30 m/s²;2006 年,北京长城计量测试研究所在俄罗斯超低频振动台的基础上,完成了超低频振动校准装置的研制,其频率范围 0.01~20Hz,最大位移峰-峰值为 1m(于梅等,2003;张龙飞,2008)。

# 三、数字强震仪校准的方法

一般情况下,传感器在安装和使用一段时间后,必须对其进行校准,以确定各项性能指标的准确程度。校准的主要内容有两方面:一是通过统一的校准方法确定传感器的输入量与输出量之间的关系,二是测量不确定度分析(李科杰,2002;国家质量监督检验检疫总局,2006,2007,2010,2011)。所以,校准是实现量值传递和量值溯源的主要手段。

振动传感器的校准方法有很多种分类方式,例如根据传感器的工作特性,可分为静态校准和动态校准;根据激励方式,可分为直接校准和间接校准;根据校准场地,可分为实验室校准和现场校准等。鉴于本文的研究目的和研究内容,笔者从激励方式的角度探讨振动传感器的各种校准方法。

图 1 为振动传感器校准方法的分类系统图。根据激励方式不同,振动传感器校准可分为直接校准和间接校准两种方式(Erhard W.,2010)。直接校准采用运动激励方式,通过一个振动发生器为传感器提供一个可控且可测的输入量,如振动台(振动发生器的一种),它可模拟产生振动信号,当传感器刚性固定在振动台上,振动产生的加速度可直接作用在传感器上;间接校准采用力激励方式,一般由仪器内置标定线圈内的电流产生电磁力激励直接作用到传感器的惯性质量块(摆锤)上,所以间接校准是针对那些配有内置标定线圈的振动传感器而言。两种方法的激励位置不同,得到的传感器的传递函数在理论上会存在差异。但直接校准可以近似模拟传感器的真实工作状态,由此得到的传递函数应更具有实

际意义。

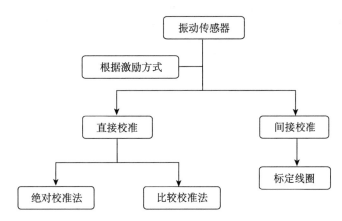

图 1　振动传感器校准方法分类系统图

**1. 直接校准**

为了实现对振动传感器的直接校准，一般需要两个条件，一是需要一个振动发生器向传感器提供一个可控且可测的输入量，二是需要一种对传感器输出信号进行合理测量和记录的方法。传感器要以足够的刚性固定在振动发生器上，以保证在传感器工作频段内振动发生器将运动全部传递给传感器，这时可将传感器及连接物一起看作为质量-弹簧的单自由度系统(应满足系统的固有频率高于振动发生器给出的最高频率)。振动发生器可以是用于零频校准的倾斜支架和离心机，也可以是用于稳态正弦校准的振动台。鉴于本文的研究目的，下面主要详细介绍适用于数字强震仪(或力平衡加速度传感器)的校准方法原理。

1）绝对校准法

振动传感器的绝对校准法根据校准目的的不同可分为：激光干涉仪校准法、互易校准法、离心机校准法、倾斜支架校准法、冲击校准法等。其中适用于数字强震仪的方法为激光干涉仪校准法。

激光干涉仪校准法是振动计量技术中最基本的校准方法，也是精度最高的校准方法，一般用于校准参考传感器或标准传感器。ISO(1999)介绍了三种基于激光干涉仪的测量方法，其中，条纹计数法适用于 $1\sim800\,\text{Hz}$ 频率范围内振动传感器幅频特性的校准，正弦逼近法适用于 $1\,\text{Hz}\sim10\,\text{kHz}$ 宽频带范围内振动传感器幅频和相频特性的校准，最小点法适用于 $800\,\text{Hz}\sim10\,\text{kHz}$ 频率范围内振动传感器幅频特性的校准，但是目前各国已陆续将振动频率范围拓展到 $0.1\,\text{Hz}\sim50\,\text{kHz}$ 范围。鉴于本文的研究目的，本节仅讨论条纹计数法和正弦逼近法的原理和特点。

（1）条纹计数法。

条纹计数法的主要校准装置有：普通迈克尔逊激光干涉仪、标准振动台、光电接收器、信号源、放大器、数据采集系统和计算机。图 2 为条纹计数法原理示意图。

普通迈克尔逊激光干涉仪的测量原理：氦-氖激光器发出波长 λ 为 $0.63282\,\mu\text{m}$ 的光束，经分光镜后分为参考光束和测量光束，两束光形成干涉，每当低频标准振动台产生

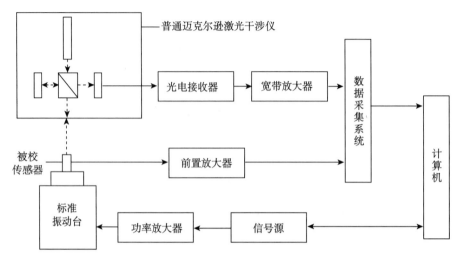

图 2　条纹计数法原理示意图

$\lambda/2$ 的位移，干涉条纹的亮暗就变化一次，由光电接收器完成干涉信号的接收并转换成电信号输出。

激光干涉仪两相邻干涉条纹之间的距离 $\Delta s(\mathrm{m})$ 为：

$$\Delta s = \frac{\lambda}{2} \tag{1}$$

由于信号源控制，标准振动台产生频率为 $f(\mathrm{Hz})$ 的标准振动，设振动台的振幅为 $s(\mathrm{m})$，振动台在一个振动周期内的总位移量为 $4s$，产生相应的干涉条纹数为：

$$n = \frac{4s}{\Delta s} = \frac{4s}{\lambda/2} = \frac{f_f}{f} \tag{2}$$

式中，$f_f$ 为干涉条纹的频率。

由上式可得出振动台振幅的计算式：

$$s = \frac{\lambda}{8} \times \frac{f_f}{f} \tag{3}$$

振动台加速度幅值 $\hat{a}(\mathrm{m/s^2})$ 为：

$$\hat{a} = (2\pi f)^2 s \tag{4}$$

将式(3)代入式(4)得：

$$\hat{a} = f \times f_f \times \frac{\lambda\pi^2}{2} = f \times f_f \times 3.12 \times 10^{-6} \tag{5}$$

所以被校加速度传感器的灵敏度幅值 $\hat{S}_a(\mathrm{V}/(\mathrm{m} \cdot \mathrm{s}^{-2}))$ 可表示为：

$$\hat{S}_a = \frac{\hat{u}}{\hat{a}} = \frac{\hat{u}}{f \times f_f} \times 0.32 \times 10^{-6} \tag{6}$$

式中，$\hat{u}$ 为被校加速度传感器输出电压 $u(\mathrm{V})$ 的幅值。

(2)正弦逼近法。

正弦逼近法的主要校准装置有：正交迈克尔逊激光干涉仪、标准振动台、光电检测器、信号源、放大器、数据采集系统和计算机。图 3 为正弦逼近法原理示意图。

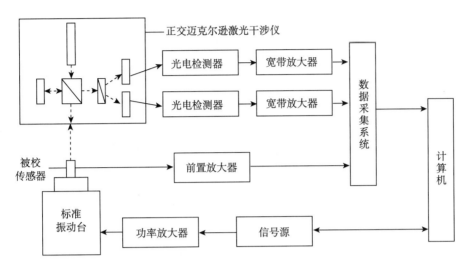

图 3　正弦逼近法原理示意图

正交迈克尔逊激光干涉仪的测量原理为：氦-氖激光器发出波长为 $0.63282\mu m$ 的光束，经偏振片后形成与分光镜轴线成 45°角的线偏振光束，此光束等于两个相互垂直且大小、光强相等的激光束的矢量和；1/4 波片将入射的偏振光转换成相互垂直、相移为 90°的两束激光光束，两个测量光束与线偏振光束发生干涉后，通过 Wollaston 棱镜或偏振分光镜将相互垂直偏振的两个分量光束在空间上分开，并由水平和垂直两个光电检测器完成干涉信号的接收和检测。由于存在 90°的相位差，两路电信号分别按余弦和正弦函数变化。

由于信号源控制，标准振动台产生频率为 $f$ 的标准正弦振动，因此台面位移 $S(m)$ 的运动规律可描述为：

$$S = \hat{S}\cos(2\pi ft + \varphi_s) \tag{7}$$

式中，$\hat{S}$ 为振动台台面位移的幅值；$\varphi_s(rad)$ 为振动台台面位移的初相位。

台面加速度的运动规律可描述为：

$$\hat{a} = (2\pi f)^2 \hat{S} \tag{8}$$

$$\varphi_a = \varphi_s + \pi \tag{9}$$

式中，$\hat{a}$ 为台面加速度的幅值；$\varphi_a$ 为台面加速度的初相位。

被校加速度传感器的输出为：

$$u = \hat{u}\cos(2\pi ft + \varphi_u) \tag{10}$$

式中，$\hat{u}$ 为被校加速度计输出电压的幅值；$\varphi_u$ 为被校加速度传感器输出电压的初相位。

水平和垂直两个方向光电检测器的输出分别为：

$$u_1(t) = \hat{u}_1\cos\varphi_{Mod}(t) = \hat{u}_1\cos[\varphi_0 + \hat{\varphi}_M\cos(2\pi ft + \varphi_s)] \tag{11}$$

$$u_2(t) = \hat{u}_2\sin\varphi_{Mod}(t) = \hat{u}_2\sin[\varphi_0 + \hat{\varphi}_M\cos(2\pi ft + \varphi_s)] \tag{12}$$

式中，$\hat{u}_1 = \hat{u}_2$；$\varphi_{Mod} = \varphi_0 + \hat{\varphi}_M\cos(2\pi ft + \varphi_s)$ 为调相值；$\varphi_0$ 为光电检测器信号的初相位；

$\varphi_M = \hat{\varphi}_M \cos(2\pi f t + \varphi_s)$ 为相位调制项。

假设服从余弦变化的相位调制项 $\varphi_M(t)$ 与台面位移 $S(t)$ 之间没有相移，则

$$\hat{\varphi}_M = \frac{4\pi s}{\lambda} \tag{13}$$

即 $\hat{\varphi}_M$ 等于振动台一个振幅内光电信号条纹数的 $2\pi$ 倍。

在 $t_0 < t < t_0 + T_{Mean}$ 测量周期内，以等时间间隔 $\Delta t = t_i - t_{i-1}$ 对两路光电信号连续进行同步采样，通过 A/D 变换，将两列光电信号连续的时间函数变成离散时间序列 $\{u_1(t_i)\}$ 和 $\{u_2(t_i)\}$。

由于两路信号正交，所以在测量过程中可用下列公式连续计算它们的调相值 $\varphi_{Mod}(t_i)$：

$$\varphi_{Mod}(t_i) = \tan^{-1} \frac{u_2(t_i)}{u_1(t_i)} + n\pi \tag{14}$$

式中，$n = 0, 1, 2, \cdots$。（注：应适当选择 $nn$ 项中的 $n$，以使调相值序列 $\{\varphi_{Mod}(t_i)\}$ 连续）

展开调相值序列 $\varphi_{Mod}(t_i) = \varphi_0 + \hat{\varphi}_M \cos(2\pi f t_i + \varphi_s)$，可得到 $N+1$ 个线性方程组：

$$\varphi_{Mod}(t_i) = A\cos 2\pi f t_i - B\sin 2\pi f t_i + C \tag{15}$$

式中，$i = 0, 1, 2, \cdots$；$N$ 为采样点数；$A = \hat{\varphi}_M \cos\varphi_s$；$B = \hat{\varphi}_M \sin\varphi_s$；$C$ 为常数。

用最小二乘法将测量得到的一组离散的数据序列拟合为正弦函数，即为正弦逼近法。解上面这个方程组求得 $A$、$B$、$C$ 值后，可求调制项的幅值 $\hat{\varphi}_M$ 和位移的初相位 $\varphi_s$：

$$\hat{\varphi}_M = \sqrt{A^2 + B^2} \tag{16}$$

$$\varphi_s = \tan^{-1} \frac{B}{A} \tag{17}$$

根据(7)、(8)、(9)、(16)和(17)可得出台面加速度幅值和台面加速度的初相位 $\varphi_a$。

同理，可获得加速度传感器输出信号的 $N+1$ 个采样序列 $\{u(t_i)\}$，构建出 $N+1$ 个线性方程组，再用正弦逼近法解出 $A_u$ 和 $B_u$ 的值：

$$u(t_i) = A_u \cos 2\pi f t_i - B_u \sin 2\pi f t_i + C_u \tag{18}$$

式中，$A_u = \hat{u}\cos\varphi_u$；$B_u = \hat{u}\sin\varphi_u$；$C_u$ 为常数。解上式得 $A_u$ 和 $B_u$ 可算出加速度传感器输出信号的幅值 $\hat{u}$ 和初相位 $\varphi_u$：

$$\hat{u} = \sqrt{A_u^2 + B_u^2} \tag{19}$$

$$\varphi_u = \tan^{-1} \frac{B_u}{A_u} \tag{20}$$

由求出的振动台加速度幅值 $\hat{a}$ 和初相位 $\varphi_a$、加速度传感器输出信号的幅值 $\hat{u}$ 和初相位 $\varphi_u$，就可得出给定频率下的加速度传感器幅值灵敏度 $\hat{S}_a$ 和相移 $\Delta\varphi$：

$$\hat{S}_a = \frac{\hat{u}}{\hat{a}} \tag{21}$$

$$\Delta\varphi = \varphi_u - \varphi_a \tag{22}$$

加速度传感器的复合灵敏度 $S_a$ 可表示成：

$$S_a = \hat{S}_a \exp[j(\varphi_u - \varphi_a)] \tag{23}$$

幅值称为幅频特性或增益因子，相位移 $\varphi_u - \varphi_a$ 称为相频特性或相位因子，因此，加速度传感器幅相特性的求解就是要分别绘出幅值灵敏度 $\hat{S}_a$ 与相移 $\Delta\varphi$ 在频域上的两条特

性曲线。

2）比较校准法

一般说来，在振动比较校准法的标准装置上可以完成绝大多数振动测量仪器的校准工作，所以振动比较校准法是振动计量技术中应用最广泛的一种校准方法（于梅，2003）。

比较校准法的主要装置包括信号源、标准振动台、参考传感器、放大器、同步数据采集系统和计算机。图4为比较校准法原理示意图。

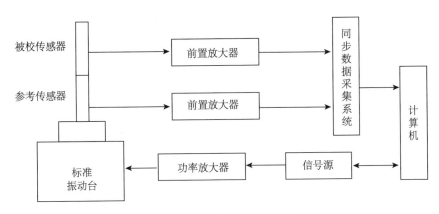

图 4　比较校准法原理示意图

为保证参考加速度传感器和被校加速度传感器感受相同的振动输入，将它们以背靠背的方式安装在振动台上，由信号源激励标准振动台产生一定频率的标准振动，两路包含幅相信息的信号经前置放大器放大后，由同步数据采集系统完成信号同步采集。

如果参考加速度传感器和被校加速度传感器对同一振动输入产生响应，则被校传感器复灵敏度中的幅值和相移可按下式计算：

$$S_2 = \frac{X_2}{X_1}S_1 \tag{24}$$

$$\varphi_2 = \varphi_{2,1} + \varphi_1 \tag{25}$$

式中，$S_1$、$\varphi_1$ 为参考传感器复灵敏度中的幅值和相移（一般由绝对法校准得出）；$X_1$ 为参考传感器输出值；$X_2$ 为被校传感器输出值；$\varphi_{2,1}$ 为参考传感器与被校传感器输出值之间的相移。（注：要在 $180°$ 范围内确定相移，需要明确传感器的方位、运动方向和电信号的意义。）

**2. 间接校准**

前面提到，间接校准采用力激励方式，通过仪器内置标定线圈输入不同测试信号，标定线圈内的电流会产生电磁力激励，并直接作用到传感器的惯性质量块（摆锤）上，所以此方法针对的是那些配有内置标定线圈的振动传感器，此方法也可以称为电流标定法（王家行等，1997；李彩华，2005；王雷等，2009）。根据测试信号的不同可以分为：正弦稳态标定法、脉冲标定法、白噪声输入法等。正弦稳态标定法和脉冲标定法较为常用。

在传感器的生产过程中，厂家对仪器的各项物理参数均进行了精确的测量和调校，使其符合设计技术指标。这些参数中包括标定线圈的灵敏度。

下面以 MBA-30 型力平衡加速度传感器为例详细说明一下间接校准法的原理。力平衡加速度传感器是一种具有零频响应的高精度振动传感器，被广泛应用于强震观测、低频和超低频工程振动测量领域。MBA-30 型力平衡加速度传感器是一种采用差动电容换能方式的三分向传感器，每个分向都共用一个线圈作为反馈/标定线圈。图 5 为 MBA-30 型力平衡加速度传感器的结构示意图。

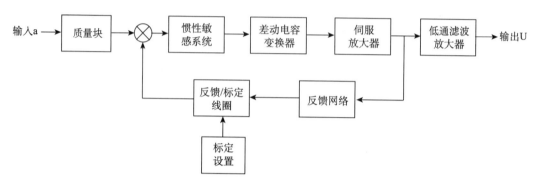

图 5　MBA-30 型力平衡加速度传感器的结构示意图

在对 MBA-30 型力平衡加速度传感器进行间接校准时，将恒定电流的正弦波或方波信号输入到标定线圈内，标定线圈的电流与永久磁铁气隙间的磁场由于电磁感应产生电磁力，以激励加速度计的摆锤产生相对运动，通过测量输出电压与输入电流的幅值与相位的关系，可以分析数字强震仪的各项性能参数(王雷等，2009)。

**3. 讨论**

从量纲上看，加速度的幅值($m/s^2$)是国际单位制中基本单位长度(m)和时间(s)的导出量，它们可以分别向国家的长度基准和时间基准溯源；相移(或相位)的单位为弧度(rad)，是一个时间与时间之比的无量纲的量，实现溯源比较难，只能从测量方法上间接向时间频率基准溯源。

上文中通过详细分析振动传感器的各种方法原理可以看出：

(1)条纹计数法仅能在 1～800Hz 范围内对加速度幅值的灵敏度进行测量，并能实现加速度幅值向国家的长度基准和时间基准溯源。但随着传感器及其应用科学的快速发展，相位信息也越来越重要，所以此方法的应用范围也越来越窄。

(2)正弦逼近法可精确测量加速度幅值和相移，并通过合理的测量方法分别向国家的长度基准和时间基准溯源，这正好满足了校准参考传感器或标准传感器的最终目的。正弦逼近法完全是基于现代计算机技术和数字信号处理技术的发展而产生的。该方法的技术关键是：调相值序列 $\varphi_{Mod}(t_i)$ 中整数 $n$ 的判断；线性方程组中 $A$、$B$、$C$ 和 $A_u$、$B_u$、$C_u$ 的求解。但是针对这些判断和求解的数学解算方法并不唯一，这增加了该方法的应用灵活性，拓宽了其使用范围。因此正弦逼近法是目前绝对校准法中应用最多的一种方法。

(3)通过比较校准法校准的传感器可以向国家基准的标准套组溯源，且该方法原理简单，应用灵活，其精度可以满足绝大多数振动测量仪器的校准工作，所以比较校准法是振动计量技术中应用最广泛的一种校准方法。因为该方法是国家基准和工作标准之间的桥梁，所以建立各频段内比较校准法的标准意义重大。该方法的关键技术难点有：传感器安装形式、校准装置要求和测量结果的不确定度分析等。

（4）电流间接校准法具有简便易行、设备简单以及应用灵活等优点，但标定线圈产生的电激励促使摆锤产生的相对位移无法直接测得，即不能直接获得灵敏度的值，导致该方法直接或间接溯源都无法实现，这违背了计量科学中要实现单位统一的目的；另外，标定线圈有等效复阻抗，其自身也是具有灵敏度的，随着使用时间的推移，标定线圈的灵敏度会下降，最终导致间接校准的精度也随之下降。

总之，在振动计量中，用于校准参考传感器和标准传感器的绝对校准法一定是校准精度最高的方法，但其校准设备（主要是标准振动台和激光干涉仪）研发和使用经费高、设计和制造难度大、对校准环境要求高，所以其应用范围受限；比较校准法原理简单、使用设备较少、校准速度快、且操作方便，虽然其校准精度不及绝对法，但已能满足绝大多数振动传感器的校准需要，应用起来相对灵活；电流间接校准法操作简单、校准速度快、成本较低，是目前各个台网、台站应用最广泛的一种测试仪器工作状态的方法，但其量值溯源和校准精度都存在问题。

# 三、结　语

现在的固态存储式数字强震仪采用机电一体化现代高性能传感技术，具有频带宽、灵敏度高、动态范围大、可远程监控等特点（杨学山，2001）。伴随强震观测事业的发展和强震仪越来越广泛的应用，低频、超低频的有效且精确校准问题会日益增加，从上面对国内外低频、超低频振动校准技术的阐述中可以看出，数字强震仪校准技术的发展伴随着传感器技术、计算机技术、电子技术、控制技术、精密加工技术、信号分析技术以及新材料、新工艺的发展。为了满足各类低频、超低频振动校准的要求，各国在校准方法、校准设备以及校准不确定度分析等方面都在不断取得新的突破。所以，目前数字强震仪校准技术的发展趋势可以总结为以下几个方面（贾叔仕等，1994；陆忠兵[①]；2003；王光庆[②]，2003；孙桥，2003）：

（1）校准频率极限化。

现代数字强震仪的频带宽度为 DC～120Hz，而在结构动力学研究、海浪检测预警、地质勘探、航空航天应用、生物动力学、精密加工与制造技术、核爆炸检测等方面对信号的检测频率已经达到 0.001Hz，有些甚至更低，所以建立和完善相应的低频、超低频振动幅相特性基准是支撑这些前沿科学研究和工程应用的技术基础。

（2）校准激励随机化。

正弦激励是使用最多的校准激励方式。近些年来，随机振动校准技术正逐渐发展起来，该技术采用动态信号分析仪和计算机进行数据分析处理，并给出整个工作频段内完整

---

① 陆忠兵．2003．超低频标准振动台校准系统的关键技术及其实现方法．浙江大学硕士学位论文。
② 王光庆．2003．改善振动校准系统性能相关技术问题的研究及其实现．浙江大学硕士学位论文。

的灵敏度幅频和相频校准数据。该技术最大的优势就是克服了正弦振动校准过程中受到的机械运动不纯和波形失真。另外，随机信号分析技术的发展为实现数字强震仪现场校准提供了很好的基础，例如将随机信号的谱分析理论与比较校准法结合，可以得到符合计量原则且精确的校准结果。

(3)校准操作自动化。

将普及的计算机技术和控制技术结合，即可研制出可视化、自动化的振动校准系统，如此操作方便、功能齐全的振动校准系统的实现，避免了由于人工操作带来的人为误差，在提高校准工作效率的同时，还可以提高校准数据的可信度。

(4)校准新技术化。

低频、超低频振动的校准是多种技术的综合应用，如虚拟仪器技术、随机信号分析技术等新技术的出现，使得低频、超低频振动校准技术更加趋于完善。

笔者建议，完善研究振动台比较校准的方法原理，并将其应用于数字强震仪的现场校准；深入研究振动计量技术中的不确定度分析方法，尤其是适用于分析多输入量和单输出量测量模型的方法，如蒙特卡洛法。数字强震仪校准技术是一项基础性研究，具有深远的应用意义，需要引起足够的重视。

## 参 考 文 献

高光伊，于海英，李山有.2001.中国大陆强震观测.世界地震工程，17(4)：13～18.

高金芳，杨晓伟，姜东升.2000.振动传感器的微加速度动态校准.宇航计测技术，20(2)：33～41.

国家质量监督检验检疫总局编.2006.GB/T 20485.11.振动与冲击传感器校准方法 第11部分：激光干涉法振动绝对校准.北京：中国标准出版社.

国家质量监督检验检疫总局编.2007.GBT 20485.21振动与冲击传感器校准方法 第21部分：振动比较法校准.北京：中国标准出版社.

国家质量监督检验检疫总局编.2010.JJF1059.1.测量不确定度评定与表示.北京：中国质检出版社.

国家质量监督检验检疫总局编.2011.JJF 1001-2011.通用计量术语及定义修订稿.北京：中国质检出版社.

贾叔仕，邹冬冬.1994.地震计量用标准振动台技术总结.强度与环境，3：46～61.

李彩华.2005.力平衡加速度传感器设计分析.传感器技术，24(8)：46～48.

李科杰.2002.新编传感器技术手册.北京：国防工业出版社.

孙桥，于梅.2003.振动幅相特性测量系统溯源问题的研究.现代测量与实验室管理，5：6～8.

王家行，胡振荣.1997.SLJ型宽频带大动态力平衡三分向加速度计的设计与研制.地震地磁观测与研究，18(5)：46～52.

王雷，王绍荣，高峰.2009.力平衡加速度计传递函数和标定方法分析.地球物理学进展，24(6)：2293～2297.

杨学山.2001.工程振动测量仪器和测试技术.北京：中国计量出版社.

于梅，孙桥.2003.振动比较法校准技术发展趋势的研究.检定、校准与测试，9：55～58.

于梅.2007a.低频超低频振动计量技术的研究与展望.振动与冲击，26(11)：83～94.

于梅.2007b.0.1＋Hz～50＋kHz直线振动幅值和相位国家计量基准系统的研究.振动与冲击，26(7)：54～59.

中国地震局震害防御司.2008.地震计量标准简介.http://www.cea.gov.cn/manage/html/

8a8587881632fa5c0116674a018300cf/content/08＿08/04/1217831551886. html

周雍年. 2001. 强震观测的发展趋势和任务. 世界地震工程，17(4)：20～26.

周雍年. 2006. 中国大陆的强震动观测. 国际地震动态，11：2～6.

Cyril M. ，Harris E. 1995. Shock and Vibration Handbook. New York(USA)：McGraw-Hill.

Dick R，Bev P. 2001. Preliminary Design of a Very Low Frequency Vibration Calibration System. 16th Annual Meeting the American Society for Precision Engineering，Arlington，Virginia，USA.

Erhard W. 2010. Seismic Sensors and their Calibration：The New Manual of Seismological Observatory Practice. IASPEI.

ISO. 1999. 16063-11，Methods for the calibration of vibration and shock transducers—Part 11：Primary vibration calibration by laser interferometry.

Von Martens H J，Link A，Schlaak H J et al. 2004. Recent advances in vibration and shock measurements and calibration using laser interferometry. Proc. SPIE，5503：1～19.

Yu. V，Tarbeyev，Ye. P Krivtsov et al. 1994. A new method for absolute calibration of high-sensitivity accelerometers and other gravniiertial devices，Bulletin of the seismological society of America，84(2)：438～443.

# Review of calibration technology of digital strong motion accelerograph

## Zhen Hongwei[1]    Yang Shuxin[1]    Zhang Zhoushu[2]

(1. Institute of Crustal Dynamics, CEA, Beijing 100085, China)

(2. China Earthquake Disaster Prevention Center, Beijing 100029, China)

Digital strong motion accelerograph is most commonly used instrument to acquire objective and quantificational data in engineering seismology and engysseismology. Precision of the instrument directly influences the quality of data. Calibration is the best way to ensure the precision of digital strong motion accelerograph. When calibrating, traceability and uncertainty analysis is key. This paper gives a brief introduction of calibration technology at home and abroad. And each method principle of digital strong motion accelerograph is elaborated. Merit and demerit of them are investigated and summarized. Some ideas through analyzing are obtained.

# 中国大陆及邻区面波震级与近震震级之间的经验关系研究

谢卓娟　吕悦军　彭艳菊　张力方

（中国地震局地壳应力研究所　北京　100085）

**摘　要**　目前广泛使用的面波震级 $M_S$ 和近震震级 $M_L$ 之间的经验转换式为：$M_S = 1.13M_L - 1.08$，该关系式是郭履灿先生根据邢台地震资料建立，实践证明，该式在全国范围内不具备普适性；特别是近年来，随着全国地震台网的逐步完善和地震监测能力的提高，积累了大量精度高、完整性好的地震资料，我们更有必要充分利用新的地震资料，建立 $M_S$ 和 $M_L$ 之间新的震级转换关系式。本文充分利用中国地震台网 1990.1～2007.12.31 的观测资料，对比分析使用最小二乘线性回归方法和正交回归方法进行拟合的优越性和差异性，选取具有对称性质的正交回归方法进行拟合，从而保证了数据处理结果的一致性；同时，本文基于中国地震区带的划分方案，对地震区、带内的面波震级 $M_S$ 和近震震级 $M_L$ 之间的关系进行分区对比研究，分别建立了中国大陆及邻区、中国东、西部以及中国及邻区七个地震区的面波震级 $M_S$ 与近震震级 $M_L$ 之间的经验公式，本文的研究结果可作为 $M_S$、$M_L$ 地震震级间相互换算的参考公式，对地震活动性参数的确定、工程场地地震安全性评价、地震活动中长期预测均有重要意义。

## 一、引　　言

震级是表征地震大小的量，是地震的基本参数之一，在地震预报和其他有关地震的研究中是一个重要参数(陈运泰等，2000，2004；刘瑞丰等，2007)。目前，我们常用震级有 3 种标度，即近震震级 $M_L$、面波震级 $M_S$ 和体波震级 $M_B$、$M_b$。多种震级代表了不同频段震源频谱的量值(Chen et al.，1989)，其物理意义和用途不同，使用的仪器和测量方法也不同，所以一般情况下各种震级标度之间不进行换算。但是，多种震级标度，对地震定量表征存在差异，也使公众对地震震级的理解产生混乱。特别是，在实际的工程地震、地震灾害、震害预测等研究中，通常需要将不同的震级换算成统一的一种震级。因此研究不同震级标度之间的换算关系还是非常有必要的。

目前国内使用的面波震级 $M_S$ 和近震震级 $M_L$ 之间的经验公式为 $M_S = 1.13M_L - 1.08$，该关系式是郭履灿先生根据邢台地震资料建立的[①]。但是，地震具有复杂的频谱结构，每

---

① 郭履灿，1971. 华北地区的地方性震级 $M_L$ 和面波震级 $M_S$ 经验关系. 全国地震工作会议资料，1～10。

一种特定的震级都是针对一个特定的频段测定的，并且地震活动具有较强的区域特征，实际资料证明，该经验公式在全国范围内不具有普适性，如对云南地区（刘国华等，2006）和甘肃地区（张诚，1981；张树勋等，1995）均不适用。基于对我国地震活动具有区域性特征的认识（胡聿贤等，2001），并考虑到近20年来我国的地震观测技术有了较大的发展，震级量测精度也有很大提高（刘瑞丰等，2007），本文收集了中国大陆及邻区1990年1月至2007年12月 $M_L \geqslant 2.0$ 的地震数据，对比分析了使用最小二乘线性回归方法和正交回归方法进行拟合的优越性和差异性，选取具有对称性质的正交回归方法进行拟合，从而保证了数据处理结果的一致性；同时，本文基于中国地震区带的划分方案，对地震区、带内的面波震级 $M_S$ 和近震震级 $M_L$ 之间的经验关系进行分区对比研究，分别建立了中国大陆及邻区、中国东、西部地区以及中国及邻区七个地震区的面波震级 $M_S$ 与近震震级 $M_L$ 之间的经验公式。对地震活动性参数的确定、工程场地地震安全性评价、地震活动中长期预测均有重要意义。

# 二、资料来源及预处理

## 1. 资料来源

本文所使用的资料来源于中国地震台网中心的《中国数字地震台网观测报告》（月刊）（刘瑞丰，2007），时间为1990年1月至2007年12月 $M_L \geqslant 2.0$。2004年以前，该资料为中国地震局地球物理研究所采用我国数字地震台网的资料处理全球地震并编辑的内部资料《中国地震年报》，它包含所有地震台站的震相数据（李保昆等，2004）；2004年后该资料由中国地震台网中心编辑出版，为《中国数字地震台网观测报告》（月刊）。该报告中的地震全部都经过了重新定位（李保昆等，2004）。

## 2. 资料预处理

《中国数字地震台网观测报告》中震源参数部分震级标度一栏共给出了5种震级标度：$M_S$、$M_L$、$M_B$、$M_b$、$M_S7$。其中，$M_S$ 为面波震级；$M_L$ 为近震震级；$M_B$ 为中长周期体波震级；$M_b$ 为短周期体波震级、$M_S7$ 为用垂直向瑞雷面波的最大振幅和周期测定的面波震级。本文的研究目的是统计 $M_S$ 与 $M_L$ 之间的经验关系，因此必须对报告中的数据进行筛选。报告中给出的地震条目的震源参数格式如图1所示，通过计算机编程处理和人工整理相结合的方式将报告中同时有 $M_L$ 与 $M_S$ 记录的地震条目提出，程序处理后的数据输出格式如图2所示，人工整理后最终输出的数据格式见表1。

通过上述处理过程，得到同时有 $M_S$ 与 $M_L$ 两种震级标度的地震7112次（图3），除去台湾和南海地区的部分地震，共有4720次地震。图3给出了7112次地震的震中分布图，图中地震的震级大小以 $M_L$ 标度表示。

```
           1990    1   4
           O=13 05 01.1     +/-   0.06s
           LAT=24.26 N      +/-   0.72km
           LONG=121.87 E    +/-   0.82km
           DEPTH= 28 km     +/-   0.25km
           STATIONS USED = 75,    STAND DEV= 1.69s
           Ms=4.3/21, ML=4.6/11, mB=3.7/ 1, mb=4.2/  7 Ms7=4.2/14
     QZH    3.1  284 Pn      13 05 48.2     0.1
                      Sn      13 06 23.6    -1.9
                      SMN          ML=4.3        0.9    1.31
                      SME                        0.9    1.00
                      LE           Ms=3.8       12.0    2.45
                      LZ           Ms=4.0       12.0    3.02
     WEZ    3.8  344 ePn     13 05 57.6    -0.8
                      Sn      13 06 42.0    -2.1
                      SMN          ML=4.3        0.7    0.33
                      SME                        0.7    1.10
                      LE           Ms=3.9        7.0    1.32
                      LZ           Ms=3.8       15.0    1.89
     NPG    4.1  306 Pn      13 06 02.1     0.1
                      Sn      13 06 51.5     0.9
                      SMN          ML=4.5        0.8    0.98
                      SME                        0.7    0.85
                      LN           Ms=4.1        6.0    1.10
                      LE                         8.0    1.84
```

图 1　《中国数字地震台网观测报告》中给出的地震震源参数格式

```
1 1990  1  2 O=21 38 24.6 +/-  0.06s LAT=40.69 N +/-  0.63km LONG= 79.05 E +/-  0.69km DEPTH=  9 km +/-  0.05km Ms=4.8/ 1, ML=4.4/ 7,        mb=4.8/ 9 Ms7=4.0/ 2
2 1990  1  3 O=21 52 45.3 +/-  0.06s LAT=32.63 N +/-  0.40km LONG=121.55 E +/-  0.67km DEPTH=10 km +/-  0.02km Ms=3.8/ 2, ML=3.9/12,
3 1990  1  4 O=04 09 09.3 +/-  0.03s LAT=36.50 N +/-  0.46km LONG= 82.60 E +/-  0.38km DEPTH=  9 km +/-  0.07km Ms=4.1/ 2, ML=4.8/ 5,        mb=4.4/12 Ms7=3.9/ 3
4 1990  1  4 O=13 05 01.1 +/-  0.06s LAT=24.26 N +/-  0.72km LONG=121.87 E +/-  0.82km DEPTH=28 km +/-  0.25km Ms=4.3/21, ML=4.6/11, mB=3.7/ 1, mb=4.2/ 7 Ms7=4.2/14
5 1990  1  7 O=16 43 20.2 +/-  0.13s LAT=21.97 N +/-  1.10km LONG=121.15 E +/-  1.01km DEPTH= 5 km                Ms=4.0/ 3, ML=4.4/10,        mb=4.9/ 2 Ms7=3.8/ 2
6 1990  1  9 O=06 35 03.9 +/-  0.05s LAT=30.58 N +/-  0.65km LONG=103.28 E +/-  0.55km DEPTH=12 km +/-  0.05km Ms=4.0/ 4, ML=4.1/14,        mb=4.6/ 3
7 1990  1 11 O=21 14 59.9 +/-  0.14s LAT=36.06 N +/-  0.94km LONG= 80.92 E +/-  1.05km DEPTH=12 km +/-  0.29km Ms=4.8/28, ML=5.0/ 5,        mb=4.7/ 5 Ms7=4.7/16
```

图 2　程序处理后的地震震源参数格式

**表 1　人工整理后的地震震源参数格式**

| 序号 | 年 | 月 | 日 | 时 | 分 | 秒 | 纬度（°） | 经度（°） | 深度/km | $M_S$ | $M_L$ |
|------|------|---|---|----|----|------|---------|----------|--------|-------|-------|
| 1 | 1990 | 1 | 2 | 21 | 38 | 24.6 | 40.69 | 79.05 | 9 | 4.8 | 4.4 |
| 2 | 1990 | 1 | 3 | 21 | 52 | 45.3 | 32.63 | 121.55 | 10 | 3.8 | 3.9 |
| 3 | 1990 | 1 | 4 | 13 | 5 | 1.1 | 24.26 | 121.87 | 28 | 4.3 | 4.6 |
| 4 | 1990 | 1 | 4 | 4 | 9 | 9.3 | 36.50 | 82.60 | 9 | 4.1 | 4.8 |
| 5 | 1990 | 1 | 7 | 16 | 43 | 20.2 | 21.97 | 121.15 | 5 | 4.0 | 4.4 |
| 6 | 1990 | 1 | 9 | 6 | 35 | 3.9 | 30.58 | 103.28 | 12 | 4.0 | 4.1 |

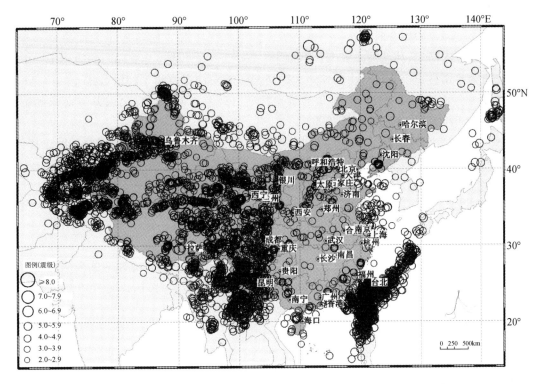

图 3　中国大陆及邻区同时具有 $M_L$ 和 $M_S$ 两种震级标度的地震震中分布图

# 三、统　计　方　法

对于两个随机变量，我们可根据大量的观测数据来确定它们之间统计的定量关系（刘瑞丰，2007），即找出这两个变量的函数关系式，将这样得到的近似表达式称为经验公式。本文所收集到的资料中选取同时有 $M_S$ 与 $M_L$ 震级的数据，这些数据在图上为一组离散点，由这些离散点中找出一条最佳的拟合直线，常用的方法是线性最小二乘回归法。

**1. 线性最小二乘回归法的原理**

直线型经验公式 $y = a + bx$ 中 $a$、$b$ 的求解。通过观测得到一组数据〔$(X_i、Y_i) i = 1$，$2，3，\cdots，n$〕，设此两物理量 $x$、$y$ 满足线性关系，且假定误差主要出现在 $y_i$ 上，设拟合直线公式为 $y = f(x) = a + bx$，当所测各 $y_i$ 值与拟合直线上各估计值 $f(x_i) = a + bx_i$ 之间偏差的平方和最小，即

$$\sum (\delta_{yi})^2 = \sum [y_1 - f(x_i)]^2 = \sum [y_i - (a + bx_i)]^2 \rightarrow \min$$

时，所得拟合公式即为最佳经验公式。确定拟合直线的方程中 $a$、$b$ 两个常量的值，即确定了直线方程，所以在上式中 $a$、$b$ 是作为变量来求解的，分别对 $a$、$b$ 求偏导数，并令其为零。最后通过计算求出 $a$、$b$，形成关于 $a$、$b$ 的二元方程，即可得出 $a$、$b$ 值，则拟合直线方程 $y \leftarrow a + bx$。

众所周知，对同样的样本点，随着自变量和因变量的不同选择，会得到不同的回归方程(如下Ⅰ、Ⅱ)，即拟合时存在一个拟合方向问题，选择 X 方向还是 Y 方向拟合，所得的回归直线是不同的(孙彦清，2002；刘瑞丰，2007)。线性最小二乘回归法适用于一个变量产生的偏差比另一个变量产生的偏差大的情况，若要确定直线型经验公式 $y=a+bx$ 中 $a$、$b$ 两个常量的值，就要先根据测量的误差判断出误差方向，然后用误差方向来确定拟合方向(黄杰等，2000；孙彦清，2002)。

(1)本文中首先假设 $M_L$ 方向上产生的误差远小于 $M_S$ 方向上产生的误差，即选择 $M_S$ 方向为拟合方向，根据上述的最小二乘法原理得出公式Ⅰ

$$Ⅰ:M_S \leftarrow a+bM_L$$

(2)假设 $M_S$ 方向上产生的误差远小于 $M_L$ 方向上产生的误差，即选择 $M_L$ 方向为拟合方向，根据上述的最小二乘法原理得出公式Ⅱ

$$Ⅱ:M_L \leftarrow a+bM_S$$

使用上述公式Ⅰ、Ⅱ对函数变量的预测精度较高，但是在处理互换关系的统计问题时产生多解。在实际中，震级 $M_S$、$M_L$ 在测量时都有可能存在一定的误差，因此我们在研究 $M_S$、$M_L$ 之间的经验公式时应采用正交回归方法。

**2. 正交回归方法**

当两个变量都有可能发生较大的变化，即 X、Y 方向上的测量误差都不可忽略时，拟合不能在单一方向上进行。此时拟合的直线应满足各测量点到拟合直线垂直距离的平方和为最小，即正交拟合(吴俊林等，1992；刘巍等，1994；李雄军，2005a，2005b；姜慧等，2006)。本文中用正交回归法得到的正交回归线Ⅲ

$$Ⅲ:M_S = a+bM_L$$

由于正交方程式对观测值的处理是双向的，即均考虑 X、Y 两者"误差"的存在，不受自变量和因变量选择的影响，是可以逆转的。因此计算时，同时取相应的形式，式子Ⅲ可用等号表示。

**3. 使用的软件**

本文使用 origin7.5 软件来拟合直线，(origin 提供了强大的现性回归和函数拟合功能)，用 origin 处理数据除给出 $a$、$b$ 值外，还给出相关系数 $r$ 和回归标准差 SD。$r$ 表示两变量之间的函数关系与线性的符合程度，表征了 X、Y 之间线性紧密程度的量，当 $r\in[-1,1]$，$|r|\rightarrow1$ 时，表明 $x$、$y$ 间线性关系好，而当 $|r|\rightarrow0$ 表明 $x$、$y$ 间无线性关系、拟合无意义；$r$ 是个无量纲的量，选取不同的拟合方向拟合得到 $r$ 值相同。回归标准差 SD 在一定程度上也反应了线性关系拟合的好坏程度。

# 四、面波震级 $M_S$ 和近震震级 $M_L$ 的经验关系统计

我国一般都是用短周期仪(测量周期为 0.8s 的地震波的振幅)根据以下近震震级公式来测定近震震级 $M_L$：

$$M_L = \lg A_u + R(\Delta) + S(\Delta)$$

式中，$A_u$ 为两水平分向地动位移的算术平均值，$\Delta$ 是震中距（km），$R(\Delta)$ 是我国常用短周期地震仪测定 $M_L$ 的量规函数，其物理意义是地震波随距离的衰减，$S(\Delta)$ 为台站校正值。

我国目前用中长周期仪（测量周期为 20s 的地震波的振幅）据下式来测定面波震级 $M_S$：

$$M_S = \lg(A_u/T) + 1.66\lg(\Delta) + 3.5$$

式中，$A_u$ 是两水平分向面波地动位移的矢量和，$T$ 为相应周期（s），$\Delta$ 为震中距（单位为km），$1° < \Delta < 130°$，我国使用的地震波面波周期在 $3s \leqslant T \leqslant 25s$ 内（许绍燮等，1994）。

本文将采取分区对比的方式来研究、讨论 $M_S$ 与 $M_L$ 之间的经验关系。

**1. 中国大陆地区的统计结果**

以 4720 次同时具有 $M_S$ 与 $M_L$ 两种震级标度的地震资料为样本（已排除了台湾和南海地区的地震数据），这 4720 次地震中 $M_L$ 的震级范围为 2.7～6.9（极个别地震在 $M_L = 7.0$ 以上），使用一般线性回归方法（I 和 II）和正交回归方法（III）将这些数据拟合得到 $M_S$、$M_L$ 的经验公式如表 2 所示，拟合直线如图 4 所示。

**表 2　中国大陆及邻区经验关系式**

| 回归方法 | 关系式 | SD | $r$ |
|---|---|---|---|
| I | $M_S = 0.7589M_L + 0.9191$ | 0.325 | |
| II | $M_L = 0.8931M_S + 0.5623$ | 0.3527 | 0.8232 |
| III | $M_S = 0.9419M_L + 0.1346$ | 0.2908 | |

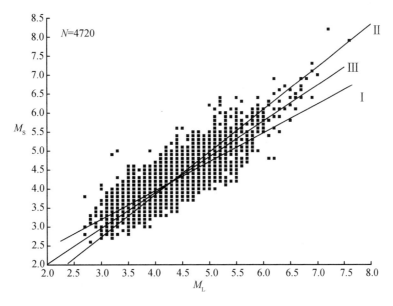

图 4　中国大陆及邻区 $M_S$-$M_L$ 关系

从表 2 中可以看出，使用正交回归方法（III）拟合直线得到的回归标准差 $SD_{III} = 0.2908$，小于用一般线性回归方法（I 和 II）拟合直线得到的回归标准差 $SD_I$ 和 $SD_{II}$，说明使用正交回归方法(Ⅲ)拟合的结果较佳。

图 4 中所示的拟合直线是根据一般线性回归方法(Ⅰ 和 Ⅱ)分别选择 $M_S$ 方向、$M_L$ 方向为拟合方向进行拟合,并在同一坐标上作出这两条拟合直线 Ⅰ 和 Ⅱ,再根据正交回归方法(Ⅲ)进行拟合作出直线 Ⅲ,直线 Ⅲ 恰为两条拟合直线 Ⅰ、Ⅱ 的平分线(孙彦清,2002),使用正交回归方法(Ⅲ)拟合的直线即为所求的最佳拟合直线。

从表 2 中的统计关系式和图 4 中的拟合直线图都可以看出,对面波震级 $M_S$ 和近震震级 $M_L$ 这种相互独立存在的随机变量,采用一般线性回归方法可能得到两种不同的结果;而正交回归方法,不仅使两变量的离散差的平方和为最小,而且得到了唯一的结果。

如图 5 所示,绝大多数地震的 $M_S$ 与 $M_L$ 的差值分布在 $-0.6 \sim +0.6$ 之间,故我们在选择数据拟合时,去除了 $|\Delta M| > 0.6$ 的数据,再使用一般线性回归方法(Ⅰ 和 Ⅱ)和正交回归方法(Ⅲ)将这些数据拟合得到 $M_S$、$M_L$ 的经验公式,见表 3。

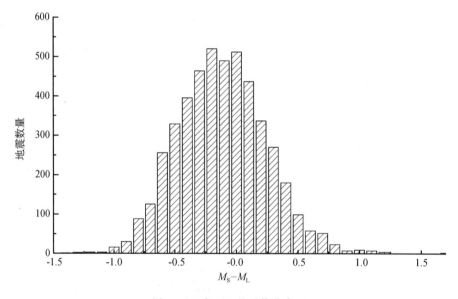

图 5　$M_S$ 与 $M_L$ 的差值分布图

从表 3 中我们可看出去除了 $|\Delta M| > 0.6$ 的数据后用正交回归方法(Ⅲ)拟合得出的标准差 $SD_Ⅲ = 0.2309$,仍然小于用一般线性回归方法(Ⅰ和Ⅱ)得出的结果,拟合结果最佳。

表 3　中国大陆及邻区 $M_S$ 与 $M_L$ 经验关系式

| 回归方法 | 关系式 | SD | $r$ |
|---|---|---|---|
| Ⅰ | $M_S \leftarrow 0.8176 M_L + 0.6083$ | 0.275 | |
| Ⅱ | $M_L \leftarrow 0.9307 M_S + 0.3851$ | 0.2936 | 0.8723 |
| Ⅲ | $M_S = 0.9460 M_L + 0.0973$ | 0.2309 | |

对比表 2、表 3 和图 4、图 6 中的直线（Ⅲ），我们可看出，使用剔除 $|\Delta M|>0.6$ 的数据拟合时，不论是用一般线性回归方法（Ⅰ 和 Ⅱ）还是用正交回归方法（Ⅲ）拟合直线得到的回归标准差 SD 明显都小于未剔除前拟合的结果，这说明表 3 中统计出的 $M_S$ 和 $M_L$ 之间的线性关系较好，因此可看出使用已排除 $|\Delta M|>0.6$ 的数据拟合直线的效果较佳。

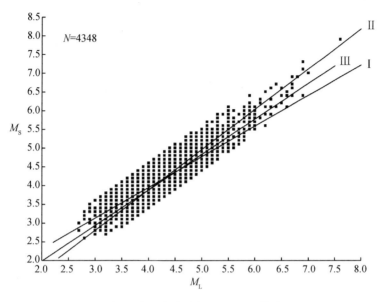

图 6　中国大陆及邻区 $M_S$-$M_L$ 关系

### 2. 中国东、西部作为统计单元的统计结果

中国大陆中部有一条纵贯南北的地质构造带，被统称为贺兰-川滇南北构造带，也称中国南北地震带。它不但是我国重要的地貌分界线，也是中国大陆构造的东、西分界带，大体在东经 105°线上，大致经过贺兰山、兰州、四川盆地、云贵高原、红河，为中国东西部的分界线。

本节将以 105°E 为分界线把中国大陆分成东、西两个部分，分别统计 $M_S$ 和 $M_L$ 之间相互换算的经验公式。在 4720 次同时具有 $M_S$ 与 $M_L$ 两种震级标度的地震中，东部有 632次、西部有 4088 次。使用这些数据并用一般线性回归方法（Ⅰ 和 Ⅱ）和正交回归方法（Ⅲ）对 $M_S$ 与 $M_L$ 之间的关系进行回归分析与对比，拟合得到东、西部 $M_S$ 和 $M_L$ 的关系式如表 4 所示，拟合直线如图 7 所示（拟合时已经剔除了 $|\Delta M|>0.6$ 的数据）。

从表 4 中我们可以看出东部地区拟合结果得出的 $M_S$ 和 $M_L$ 的相关系数高于西部地区，且标准差小于西部地区，说明使用东部地区数据拟合的结果较佳，这可能与东部地区仪器覆盖的密度大、精度较高以及拟合时所使用的数据可靠程度高等因素有关。

从拟合直线图 7 中可明显看出西部地区拟合使用的数据远大于东部地区，且使用正交回归方法拟合得出的经验公式 $M_S=0.9474M_L+0.1418$，与中国大陆及邻区去除 $|\Delta M|>0.6$ 的数据后拟合得出的经验公式 $M_S=0.9460M_L+0.0973$ 相接近。因此我们分别以东、西部作为统计单元对比分析 $M_S$ 与 $M_L$ 的经验关系效果不是很明显，下节将按更小范围的区域来统计，并进行对比分析。

表 4  东、西部 $M_S$ 和 $M_L$ 的经验关系式

| 编号 | 区域 | 地震数量 | 震级范围 | 回归方法 | 关系式 | SD | $r$ |
|---|---|---|---|---|---|---|---|
| 1 | 东部 | 596 | $2.9 \leqslant M_S \leqslant 6.4$ $2.7 \leqslant M_L \leqslant 6.6$ | I | $M_S \leftarrow 0.8143 M_L + 0.5954$ | 0.239 | 0.9033 |
| | | | | II | $M_L \leftarrow 1.0019 M_S + 0.1770$ | 0.2651 | |
| | | | | III | $M_S = 0.9062 M_L + 0.2095$ | 0.1965 | |
| 2 | 西部 | 3752 | $2.6 \leqslant M_S \leqslant 7.9$ $2.7 \leqslant M_L \leqslant 7.6$ | I | $M_S \leftarrow 0.8152 M_L + 0.7062$ | 0.2773 | 0.8689 |
| | | | | II | $M_L \leftarrow 0.9262 M_S + 0.3914$ | 0.2956 | |
| | | | | III | $M_S = 0.9474 M_L + 0.1418$ | 0.2328 | |

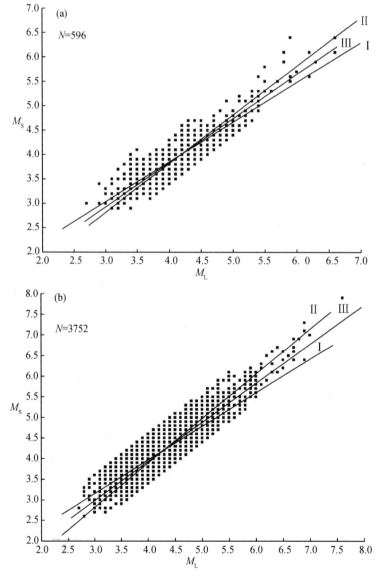

图 7  中国东部(a)和西部地区(b) $M_S$-$M_L$ 关系

### 3. 以地震区为统计单元的统计结果

中国大陆及邻区是亚洲大陆内部地震活动最强烈的地区，地震分布广泛且强烈，各地区地震活动显示了明显的区域特征，《中国地震动参数区划图（2001）》以地震活动性、震源深度、震源机制、地质构造等方面的区域特征为依据，将中国大陆及邻区分为了七个强震活动区（如图 8）。

本节分别以这七个地震区作为统计单元，统计 $M_S$ 和 $M_L$ 之间相互换算的经验公式，统计结果如表 5 所示，拟合直线如图 9 所示(拟合时已经去除了｜$\Delta M$｜$>0.6$ 的数据)。

本节考虑到统计和建立台湾和南海地震区的 $M_S$ 和 $M_L$ 的经验公式，因此使用的地震数据共 7112 次，排除｜$\Delta M$｜$>0.6$ 的数据后参与拟合的地震数据共 6539 次。

从表 5 中拟合结果来看，华北地震区内 $M_S$ 和 $M_L$ 的相关系数 $r=0.9098$ 为最高，标准差 SD$=0.1802$ 最小，拟合得出的经验公式 $M_S=1.0112M_L-0.2591$ 拟合结果最佳。南海地震区内 $M_S$、$M_L$ 的相关系数 $r=0.7544$ 最低，标准差 SD$=0.3076$ 最大，拟合效果最差，拟合结果也与地震资料不完整、地震数量少、离散较大有关，南海地震区内只使用了34 次数据来拟合，因此难以单独建立此地区的 $M_S$ 和 $M_L$ 的经验公式。

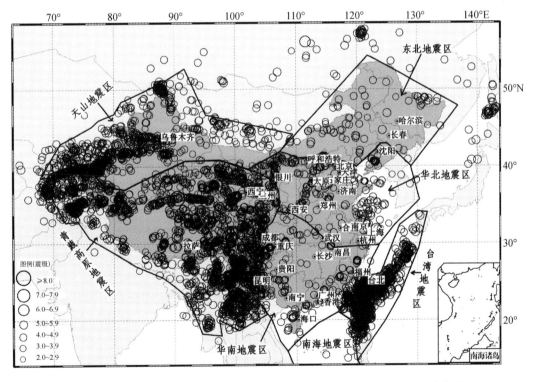

图 8　中国大陆及邻区七个地震区内同时记录到 $M_S$ 和 $M_L$ 地震的震中分布图

表5　中国大陆及邻区七个地震区内 $M_S$ 和 $M_L$ 的经验关系式

| 编号 | 区域 | 地震数量 | 震级范围 | 回归方法 | 关系式 | SD | $r$ |
|---|---|---|---|---|---|---|---|
| 1 | 东北地震区 | 66 | $3.4{\leqslant}M_S{\leqslant}5.6$<br>$3.6{\leqslant}M_L{\leqslant}6.2$ | I | $M_S{\leftarrow}0.8237M_L+0.5274$ | 0.2364 | 0.8879 |
| | | | | II | $M_L{\leftarrow}0.957M_S+0.4580$ | 0.2548 | |
| | | | | III | $M_S=0.9343M_L+0.0244$ | 0.1952 | |
| 2 | 华北地震区 | 299 | $2.9{\leqslant}M_S{\leqslant}6.4$<br>$2.9{\leqslant}M_L{\leqslant}6.2$ | I | $M_S{\leftarrow}0.9159M_L+0.1358$ | 0.2327 | 0.9098 |
| | | | | II | $M_L{\leftarrow}0.9037M_S+0.5910$ | 0.2311 | |
| | | | | III | $M_S=1.0112M_L-0.2591$ | 0.1802 | |
| 3 | 华南地震区 | 302 | $2.7{\leqslant}M_S{\leqslant}6.1$<br>$2.9{\leqslant}M_L{\leqslant}6.6$ | I | $M_S{\leftarrow}0.7190M_L+0.1018$ | 0.235 | 0.8618 |
| | | | | II | $M_L{\leftarrow}1.0329M_S-0.0839$ | 0.2817 | |
| | | | | III | $M_S=0.8436M_L+0.5915$ | 0.2094 | |
| 4 | 青藏高原地震区 | 2778 | $2.6{\leqslant}M_S{\leqslant}7.9$<br>$2.7{\leqslant}M_L{\leqslant}7.6$ | I | $M_S{\leftarrow}0.8540M_L+0.5846$ | 0.2743 | 0.8811 |
| | | | | II | $M_L{\leftarrow}0.9089M_S+0.4024$ | 0.2830 | |
| | | | | III | $M_S=0.9771M_L+0.0709$ | 0.2235 | |
| 5 | 天山地震区 | 962 | $3{\leqslant}M_S{\leqslant}6.9$<br>$2.8{\leqslant}M_L{\leqslant}6.9$ | I | $M_S{\leftarrow}0.7771M_L+0.6946$ | 0.2837 | 0.8162 |
| | | | | II | $M_L{\leftarrow}0.8572M_S+0.9391$ | 0.2980 | |
| | | | | III | $M_S=0.9719M_L-0.1996$ | 0.2517 | |
| 6 | 台湾地震区 | 2098 | $3.1{\leqslant}M_S{\leqslant}7.5$<br>$3.0{\leqslant}M_L{\leqslant}7.0$ | I | $M_S{\leftarrow}0.9244M_L+0.3286$ | 0.2868 | 0.8657 |
| | | | | II | $M_L{\leftarrow}0.8106M_S+0.8307$ | 0.2686 | |
| | | | | III | $M_S=1.079M_L-0.3482$ | 0.2265 | |
| 7 | 南海地震区 | 34 | $3.1{\leqslant}M_S{\leqslant}5.6$<br>$3.4{\leqslant}M_L{\leqslant}5.1$ | I | $M_S{\leftarrow}0.7738M_L+1.1494$ | 0.3324 | 0.7544 |
| | | | | II | $M_L{\leftarrow}0.7354M_S+0.9243$ | 0.3241 | |
| | | | | III | $M_S=1.0668M_L-0.0537$ | 0.3076 | |

　　结合图4、图6和图7，从图9中更直观地看出：

　　(1)在高震级端处，拟合直线 I 明显偏低，图中数据点绝大部分位于拟合直线 I 的上方，即选择 $M_S$ 为拟合方向统计出的经验公式在高震级端处低估了 $M_S$ 值，同理，高震级端处拟合直线 II 明显偏高，图中数据点绝大部分位于拟合直线 II 的下方，即选择 $M_L$ 为拟合方向统计出的经验公式在高震级端处高估了 $M_S$ 值；此现象在低震级端处正好相反。从图中我们可看出，数据点不论在高震级端、还是低震级端处都均匀地分散在拟合直线 III 的两侧，因为正交回归直线 III 为两条拟合直线 I 、II 的平分线，更接近实际的震级测量值，正交回归直线 III 是最佳的拟合直线。

　　(2)图中大部分拟合直线 I 、II 、III 在震级为 $4.0{\leqslant}M_L{\leqslant}4.5$ 范围内相交，说明在此范围内，用正交回归方法(III)得出的 $M_S$ 与 $M_L$ 的经验公式换算得到的面波震级 $M_S$ 与用

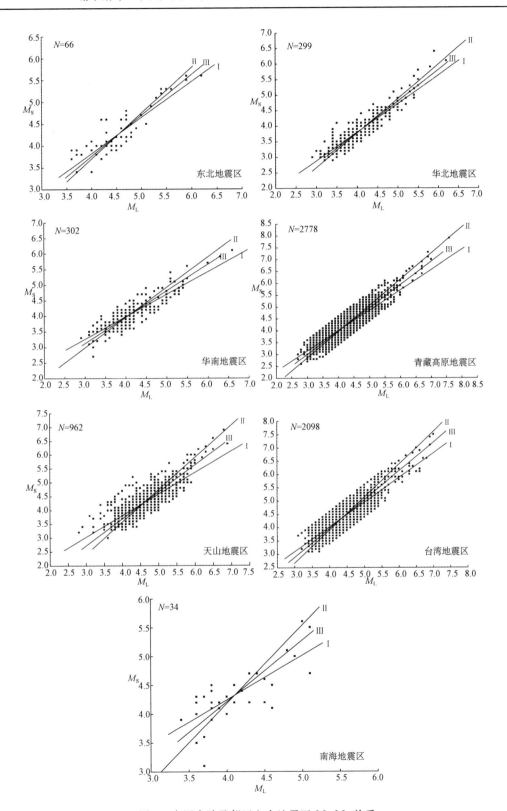

图 9 中国大陆及邻区七个地震区 $M_S$-$M_L$ 关系

一般线性回归方法(Ⅰ和Ⅱ)得出的公式换算出的结果相接近。

(3)比较图9中拟合直线Ⅰ、Ⅱ、Ⅲ的离散程度,我们看出离散程度最小的为华北地震区,离散程度最大的为南海地震区,这和不同地震区内地震资料的完整性、地震数据的精度等有关。同样比较图7中国东、西部拟合直线图,也可明显地看出东部地区拟合直线Ⅰ、Ⅱ、Ⅲ离散程度较西部地区小。

### 4. 对比讨论

本文建立了中国大陆及邻区 $M_S$ 与 $M_L$ 之间的经验公式 $M_S = 0.9460 M_L + 0.0973$,华北地震区 $M_S$ 与 $M_L$ 之间的经验公式为 $M_S = 1.0112 M_L - 0.2591$;而目前国内大部分地震工作者仍在使用的 $M_S$ 与 $M_L$ 之间的经验公式为 $M_S = 1.13 M_L - 1.08$。将此3个公式对比分析,拟合直线如图10所示。

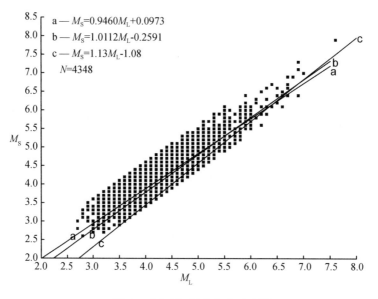

图 10　$M_S$-$M_L$ 经验公式对比图

对比拟合直线 a、b 可看出,在地震震级为 $5.0 \leqslant M_L \leqslant 6.0$ 范围内,拟合直线 a、b 几乎重合,在低震级、高震级端处的差别也很小。

图中数据大部分位于拟合直线 c 的上方,这表明观测报告中记录测定的地震震级 $M_S$ 和 $M_L$ 之间不满足 $M_S = 1.13 M_L - 1.08$ 这个关系,即该公式不具有普遍适用性。对比图中的拟合直线 a、b、c 可看出,在低震级端处直线 c 明显低于直线 a、b,即在低震级端同一地震震级处按照公式 $M_S = 1.13 M_L - 1.08$ 换算得到的面波震级 $M_S$ 小于本文建立的公式换算出的结果,$M_S = 1.13 M_L - 1.08$ 公式低估了较小地震的震级。原因可能是由于该公式是郭履灿先生根据华北地区的地震资料所建立的[①],而地震具有活动区域性,所以用华北地区资料建立的公式在全国不具有普遍适用性;其次随着我国数字化台网的进一步建立完

①　郭履灿,1971. 华北地区的地方性震级 $M_L$ 和面波震级 $M_S$ 经验关系. 全国地震工作会议资料,1~10。

善，地震观测手段、地震仪器也在不断的进步和更新，使得仪器记录地震的资料和地震资料的精度相比 20 世纪六七十年代都增加和提高了很多。因此本文所建立的中国大陆及邻区、中国东西部以及中国及邻区七个地震区的 $M_S$ 与 $M_L$ 之间的经验公式和公式 $M_S = 1.13M_L - 1.08$ 稍有差别是可以理解的。

# 五、结　　论

本文搜集了 1990 年 1 月至 2007 年 12 月中国地震台网测定的面波震级 $M_S$、近震震级 $M_L$ 的观测资料，采用了一般线性回归方法（Ⅰ和Ⅱ）和正交回归方法（Ⅲ），并采取了分区对比研究的方式，统计分析了 $M_S$ 和 $M_L$ 的经验关系，建立了中国大陆及邻区、中国东西部以及中国及邻区七个地震区的 $M_S$ 与 $M_L$ 之间的经验公式。

通过本文的研究，建立了二个 $M_S$ 与 $M_L$ 之间的经验公式：其中中国大陆及邻区为 $M_S = 0.9460M_L + 0.0973$，华北地震区为 $M_S = 1.0112M_L - 0.2591$。本文的研究结果可作为 $M_S$、$M_L$ 地震震级间相互换算的参考公式，对地震活动性参数的确定、工程场地地震安全性评价、地震活动中长期预测均有重要意义。

随着中国大陆及邻区范围内地震资料的不断补充和累积，本文统计时的样本资料需要进一步的完善，所建立的 $M_S$ 与 $M_L$ 之间的经验公式仍需要进一步的调整和修改。

## 参 考 文 献

陈运泰，刘瑞丰．2004．地震的震级．地震地磁观测与研究，25(6)：1～12.

陈运泰，吴忠良，王培德．2000．数字地震学．北京：地震出版社．

胡聿贤主编．2001．《中国地震动参数区划图》宣贯教材．北京：中国标准出版社．

黄杰，蔡希洁，林尊琪．2000．一种对称的线性拟合数据处理方法．计量技术，(5)：47～49.

姜慧，唐丽华，梁海华．2006．回归分析方法在地震科学应用中的问题与探讨．华南地震，26(3)：1～7.

李保昆，陈培善，刘瑞丰．2004．《中国数字地震台网观测报告》震级的确定．地震地磁观测与研究，25(4)：8～13.

李雄军．2005a．对 X 和 Y 方向最小二乘线性回归的讨论．计量技术，(1)：50～52.

李雄军．2005b．几种线性回归方法的比较．计量技术，(8)：52～54.

刘国华，阚丹，王力平．2006．分析云南地震资料给出的近震震级 $M_L$ 和面波震级 $M_S$．地震地磁观测与研究，27(6)：13～17.

刘瑞丰，陈运泰，任枭等．2007．中国地震台网震级的对比．地震学报，29(5)：467～476.

刘巍，王培麟．1994．加权拟线性回归方法．宁夏工学院学报（自然科学版），6(3-4)：63～67.

孙彦清．2002．最小二乘线性拟合应注意的两个问题．汉中师范学院学报（自然科学）．20(1)：58～61.

吴俊林，王社柱，李树华．1992．直线拟合方向选择的应用分析．陕西师大学报，20(3)：72～75.

许绍燮，陆远忠，郭履灿等．1994．地震震级的规定(GB17740 1999)．北京：中国标准出版社．

张诚．1981．西北地区测定震级中的某些问题．地震地磁观测与研究，2(3)：17～24.

张树勋，任群．1995．甘肃及邻区台网 $M_b$ 震级公式的研究．西北地震学报，17(2)：82～83.

Chen P S，Chen H T．1989．Scaling law and its applications to earthquake statistical relations．Tectonophysics，166：53～72.

# Study on the empirical relations between surface wave magnitude and local earthquake magnitude in the China mainland and neighbouring region

## Xie Zhuojuan   Lu Yuejun   Peng Yanju   Zhang Lifang

(Institute of Crustal Dynamics, CEA, Beijing 10085, China)

The relationships between surface wave magnitude and local earthquake magnitude ($M_S = 1.13M_L - 1.08$) was derived by Guo LvCan from the Xingtai earthquakes, and is widely used at present. It is proved from practice that the formula is not applicable everywhere in China. With the gradual improvement of the seismological monitoring stations and earthquake monitoring ability and precision, it is necessary to establish empirical formulas between surface wave and local earthquake magnitude by making full use of the new seismic data. In this paper, by using least-squares liner regression and orthogonal regression methods, comparisons are made between surface wave magnitude and local earthquake magnitude in different regions, on the basis of observation data collected by China Earthquake Networks center (CENC) from 1990.1 to 2007.12.31. Empirical formulas between surface wave and local earthquake magnitude have been obtained. The new empirical formulas between surface wave magnitude and local earthquake magnitude in Chinese mainland and adjacent regions, East and West China, and the seven seismic zones of Chinese mainland and adjacent regions were obtained. The study results have important value for determining seismicity parameter, seismic safety assessment and earthquake prediction.

# 设定地震研究综述[*]

## 徐丹丹　荣棉水　吕悦军

（中国地震局地壳应力研究所　北京　100085）

**摘　要**　设定地震指具有概率意义的确定性地震。它综合了概率性和确定性方法的优点，将概率地震危险性分析结果与物理意义明确的具体地震联系起来。本文总结了设定地震的研究历史与现状，介绍了设定地震的分类及其确定方法，并讨论了目前存在的关键技术问题以及将来的发展趋势。

## 一、引　言

近几十年来，随着国内大型水坝、核电站、海洋平台以及其他重大工程的兴建，抗震设防问题越来越重要。而经验统计的方法已不能满足设计地震动参数确定的要求，这就需要进行专门的地震危险性分析研究。

目前，表征抗震设防特点的主要参数是地震动振幅和地震动谱，地震动振幅峰值的大小反映了地震过程某一时刻地震动的最大强度，地震动谱则表示地震动的频域特征（陈厚群等，2005）。地震动参数的确定方法大致分为两种，一种是地震危险性概率分析方法，另一种是确定性分析方法。概率方法是考虑场点若干年内超过某一地震动参数值的概率，提供具有概率含义的地震动参数，是目前地震危险性评价的主要方法。该方法是 Cornell（1968）首先提出的，它可以把地震构造条件和地震活动性资料结合起来，将地震危险性概率分析方法用于评价工程场点的地震危险性。胡聿贤等（1990）将中国的确定性地震预报方法与国际的地震危险性分析概率方法结合，考虑了多种不确定性的影响，提出地震危险性分析的综合概率法，这种方法在中国第三代地震区划图的绘制中得到应用。此后，中国的地震工作者根据我国的地震活动分布特点，不断地对综合概率法进行完善；确定性方法主要是依据研究区内的地震构造和历史地震资料来确定最危险地震，并给出确切的震级和震中位置。确定性方法有多种，20 世纪 70 年代我国和苏联以地震活动性和地震地质为依据编制的地震区划图、美国 20 世纪 70 年代初期以地震活动性为主编制的区划图、日本松田时彦以活断层为主编制的区划图采用的都是确定性方法。在国内，确定性方法主要用于核电站等选址评价。

但是随着地震危险性分析工作的深入，概率性和确定性方法的不足突显出来。概率性方法是在五个基本假定基础上提出的，其中一个假定是地震的发生符合泊松分布。从历史

＊　基金项目：中国地震局地壳应力研究所中央公益性科研院所基本科研业务专项(ZDJ2011-14)。

地震活动性资料可以看出，大震的发生情况是近似于泊松分布，但是小震却跟泊松分布明显偏离；其次，由于地震构造、断层等各方面的影响，各个地震的发生也不能保证完全的独立随机性。除了这个理论基础本身尚待完善外，概率法在工程应用上也存在一些不足：①概率法给出的是地震动强度大小，没有跟确切的地震联系，不能给出震中距、震级等参数，也不能提供地震动时程等参数；②概率法得到的一致概率反应谱是一种包络反应谱，与实际地震反应谱相比，形状较宽，长周期处的值偏高，给工程设计造成困难。确定性方法不考虑地震的复发周期，其结果过于保守，此外，确定性方法需要对场址区的地震地质环境和活动断层特征等方面开展大量现场研究，由于投入过大其推广使用受到限制。鉴于以上这两种方法的不足，具有概率意义的设定地震被提出。它综合了概率性和确定性方法的优点，将概率地震危险性分析结果与物理意义明确的具体地震联系起来。

## 二、设定地震研究历史

国际上，Ishikawa 和 Kameda(1988，1991)以及 McGuire(1995)对设定地震最先进行研究。Ishikawa 等于 1991 年在第四届国际地震区划大会上首次明确提出设定地震(Scenario Earthquake)的概念，将其定义为能够替代地震危险性概率分析结果的具体地震，它具有确定的震级、震中距及超越概率水平，以便为工程结构的抗震设计和验算提供能表征地面运动峰值、反应谱、持时等设计地震动参数的明确地震事件。随后 McGuire(1995)指出，设定地震应使其控制反应谱的整个频域，提出了设定地震研究确定的原则和技术过程。其确定原则主要有三点：①设定地震是与地震设防水准相对应的，不同的设防标准具有不同的设定地震；②注重设定地震对研究区地震动参数的代表性，即采用加权平均震级和震中距的方法，力争选用反映研究区典型地震动的震级和震中距；③考虑不同周期最大贡献潜源变化，这样设计者就可以根据结构的动力特性选择不同反应谱。

McGuire 在设定地震的研究中起了很重要的作用，后人在进行设定地震研究的过程中多采用他的思路和技术流程。近年来，设定地震在地面运动模拟和估计方面发展迅速。Pulido(2004)等利用设定地震对土耳其地区进行强地面运动估计；Harmsen(2008)、Graves(2011)以及 Aagaard(2010a，2010b)等在设定地震基础上对不同断层进行地面运动模拟，得到断层在每一个设定地震作用下详细的震动情况估计，进而与历史地震参数相比对，发现设定地震很多参数与其有较好的相似性。

国内，高孟潭(1994)结合我国地震危险性分析的特色，推导出潜源区震级和空间联合分布函数，并建立了确定设定地震期望震级和期望震中距的方法。期望震级和期望震中距的提出对设定地震在国内的发展起到很大作用。雷建成(1999)在对自贡市设定地震研究中就是采用该方法，最后确定的两个设定地震为自贡市制定大震应急预案等提供依据。紧随其后，李山有[①]、易立新(2004)等学者均把这种方法运用到计算工程实例。罗奇峰(1996)、蔡长青(1998)、沈建文(1998)等则强调了设定地震与地震危险性分析结果的概率

---

① 李山有. 2000. 重大工程结构的设计地震输入. 中国地震局工程力学研究所学位论文.

一致性；韩竹军(1997[①]，1999)则是充分利用活动构造和特征地震资料，在精确确定设定地震构造位置方面作了大量工作。

在确定设定地震的地震动参数衰减关系选取方面，雷建成(1999)、聂树明(2008)、国艳(2007)等采用的是用烈度衰减关系来获得设定地震。随着发展，陈厚群等(2005)提出了在重大工程场地采用不经烈度转换的反应谱衰减关系，张翠然等(2010)采用了 NGA (Next Generation of Ground—Motion Attenuation)衰减关系对坝址设定地震进行研究。

在地震动参数选取方面，主要采用烈度、峰值加速度、有效峰值加速度、某一周期点的反应谱四种参数进行研究。近几年，峰值加速度(PGA)应用最广泛，诸如陈厚群等(2005)、沈建文(2007)等学者多采用峰值加速度作为参数，并在工程上得到了应用。易立新等(2004)提出基于有效峰值加速度(EPA)的设定地震地震动的确定方法，目前使用这一参数的学者不是很多。

在工程应用方面设定地震应用范围日益扩大，如韩竹军(1999)对城市震害预测中设定地震进行了研究，陈厚群等(2005)研究了水电站的设定地震反应谱，荣棉水(2011)对海洋石油平台进行了设定地震反应谱的确定。

# 三、设定地震的确定方法及分类

## 1. 设定地震确定方法

设定地震的确定方法可分为两类：一类是基于地震构造、断层状况及历史地震等确定设定地震；另一类是基于地震危险性概率分析结果确定设定地震(或称等效地震)，它能综合考虑总体地震环境影响(李小军，1997)。

在基于地震构造等确定设定地震研究方面，雷建成(1999)研究了四川省自贡市设定地震的确定，即通过对自贡市地震地质背景、发震断裂及其发震能力、地震活动时空分布、未来50年地震活动趋势预测以及可能遭受破坏性地震的期望震级和期望距离等方面的研究，最终确定出两个设定地震。时振梁(2002)也提到过，对城市危害最大的地震就是城市直下型地震和近源地震，城市设定地震要采用综合方法查明设定地震的震源位置、可能的震级及其与构造的关系。在这之后，刘志平(2007)、文彦君(2008)等先后对某些城市和盆地进行设定地震研究，取得一定的成果，为当地建立大震应急预案等提供了参考。

按照这种方法确定出来的设定地震有一个优点，就是对地震发生背景研究充分，解决了地震危险性概率分析方法多为某个具体工程建设项目抗震设计服务的缺陷，可以为大范围地区的抗震设计提供参考。但是对地质背景的充分调查与地震危险性分析的确定性方法一样也需要投入大量的人力物力，目前大范围的应用还存在一定困难。

在基于地震危险性概率分析结果确定设定地震方面，很多学者开展了研究工作。如李山有(1999)、易立新(2004)、韩竹军(1999)、钟菊芳(2005a，2011)、陈厚群等(2005)等从不同的地震动参数出发，得到的设定地震结果多易于为工程界接受。

---

① 韩竹军.1997.设定地震及其确定方法研究.中国地震局地质研究所学位论文。

目前确定设定地震的基本思路是：①通过概率地震危险性分析确定与设防概率对应的参数值及各潜源对场址的贡献，找出对场址贡献较大的一个或几个潜源作为最大贡献潜源区；②在该区内依据一定的原则确定出能在场址产生给定参数值的具体地震，求出相应的震级和震中距，并依据衰减关系由震级、震中距确定场址设计反应谱等参数，克服了一致概率反应谱的不足。

**2. 设定地震的分类**

在设定地震的研究过程中，地震震级和震中距的确定尤为重要，据此，本文对前人在震级和震中距方面的一些研究进行归纳总结。根据地震震级和震中距的确定方法的不同，现有的设定地震可以归纳为加权平均法和最大概率法(钟菊芳，2005b)。

(1)加权平均法。

加权平均法是在最大贡献潜源区内，取在场址产生大于或等于给定参数值的所有可能地震的震级、震中距的期望值作为设定地震的震级和震中距。这种方法是由 Ishikawa (1988)等最先开始研究。他们以最大水平峰值加速度为参数，提出了危险一致震级 $M^*$ 和震中距 $R^*$ 的确定方法：

$$M^* = \sum_i \sum_j m_i P_k[m_i, r_j \mid A \geqslant a(p)] P_k[M = m_i] \cdot P_k[R = r_j]$$

$$R^* = \sum_i \sum_j P_k[m_i, r_j \mid A \geqslant a(p)] P_k[M = m_i] \cdot P_k[R = r_j]$$

震级 $m_i$ 和震中距 $r_j$ 的联合概率分布：

$$P_k[m_i, r_j \mid A \geqslant a(p)] = \frac{P_k(m_i) P_k(r_j) P_k(A \geqslant a \mid m_i, r_j)}{\sum_i \sum_j P_k(r_j) P_k(A \geqslant a \mid m_i, r_j)}$$

式中，$A$ 为给定加速度值；$a$ 和 $a(p)$ 为预定加速度值；$m_i$，$r_j$ 为地震分档后处于第 $i$，$j$ 档的震级和震中距；$P[m_i, r_j \mid A \geqslant a(p)]$ 是第 $k$ 个潜在震源在给定地震动加速度 $A \geqslant a(p)$ 的条件下，震级 $m_i$ 和震中距 $r_j$ 的联合概率分布。$P_k(m_i)$ 和 $P_k(r_j)$ 分别是震级和距离的概率分布函数。上述各式是相对于最大贡献潜源 $k$ 而言，最大贡献潜源是根据最大水平峰值加速度衰减公式计算确定。

高孟潭(1994)考虑到潜在震源区内各点对场址超过给定烈度值的贡献，首先由地震带地震震级分布函数和地震空间分布函数确定潜在震源区中震级概率分布函数，然后建立潜在震源区内烈度超过给定烈度值情况下的震级与空间联合概率分布函数，由各震级档的震级与空间联合概率分布函数来确定期望震级和期望距离。期望震级 $\overline{M}$ 和期望距离 $\overline{R}$ 的计算式如下：

$$\overline{M} = \sum_i^{N_m} \frac{M_j N_{mj} P_{im}(m_j)}{N_S Q}$$

$$\overline{R} = \sum_i^{N_m} \frac{R_j N_{mj} P_{im}(m_j)}{N_S Q}$$

$$Q = \sum_{j=1}^{N_m} \frac{N_{mj} P_{im}(m_j)}{N_S Q}$$

式中，$Q$ 为归一化系数；$R_j$ 为震级处于 $j$ 震级档时，所有使场点地震动参数等于或者大于给定值的面元中心到场点距离的算术平均值；$N_m$ 为震级分档总数；$N_s$ 为最大贡献潜在震源区面元总数；$P_{im}(m_j)$ 为第 $i$ 个潜在震源区的震级分布函数；$N_{mj}$ 为当震级处于第 $i$ 档时，潜源区内部使场址烈度值大于或等于给定值的单元总数。

在潜源贡献反应谱一致的前提下，可以发现不同的周期最大贡献潜源不一致，韩竹军 (1997)针对这种情况，也提出了一种设定地震震级以及震中距的计算公式。同时强调设定地震的震级、震中距应与构造地震法及最大历史地震法结果相一致。

罗奇峰(1996)注意到 Ishikawa(1988)和高孟潭等(1994)所给出的设定地震在场址产生的地震动参数值高于给定的参数值，他提出了概率一致设定地震及其估计方法，指出概率一致性的设定地震震级和震中距以及某一超越概率下场地地震动强度三者之间要满足地震动衰减关系 $Y=g(M，R)$。第 $k$ 个潜源区的的概率一致设定地震震级 $M_k(P_o)$ 和震中距 $R_k(P_o)$的计算公式如下：

$$M_k(P_0) = \sum_i m_i P_k(m_i \mid Y = y(P_0))$$
$$R_k(P_0) = g(M_k(P_0), y(P_0))$$

式中，$y(P_o)$为某一超越概率下的地震动加速度，$Y$ 为给定地震动加速度，$M_k(P_o)$或 $R_k(P_o)$在实际计算中给出，与其对应的 $R_k(P_o)$和 $M_k(P_o)$由衰减公式算出。

此方法有了概率一致这个相对进步的想法，但由于保留平均意义，并不适用于椭圆衰减情形，使其应用起来有一定困难。

(2)最大概率法。

最大概率法是在最大贡献潜源内，取对场址贡献最大的地震作为设定地震。最先进行研究的是 McGuire(1995)等。在国内，雷建成(1999)、罗奇峰(1996)、周克森(1998)、沈建文等(1998)、李山有(1999)、崔江余和杜修力(2000)、易立新(2004)、钟菊芳(2005a，2005b)、陈厚群等(2005)、聂树明(2008)、荣棉水(2011)等学者对最大概率法设定地震都有一定的研究。

McGuire(1995)采用地震震级、震中距和衰减关系随机误差 3 个参数来描述设定地震。为了保证设定地震反应谱能够代表研究场点地震动的频谱特性，他分别采用 0.1s 和 1s 衰减规律对最大贡献潜在震源区进行研究。当所有周期点的危险性由单个潜在震源区的地震控制时，用单个设计地震来代表整条反应谱；当不同周期点的危险性分别由不同潜在震源区控制时，则用几个设计地震来代表整条反应谱。

罗奇峰(1996)讨论了 1996 年以前已有设定地震概念以及所存在的问题，然后提出在指定场点潜在震源区的概率一致性设定地震的定义及其震级和震中距等的确定方法。韩竹军(1997，1999)充分应用活动构造和特征地震资料来确定设定地震的构造位置，提出了一种确定震害预测中设定地震的方法。蔡长青(1998)、沈建文(1998)分析了罗奇峰提出的概率一致设定地震的不足，建议采用概率一致保守地震的概念，提出一种在概率法基础上选择有物理意义的抗震设防目标地震的新方法：在对某控制物理量(如峰值加速度)作危险性分析，并按某概率水平确定其设防标准后，由有关衰减规律和潜源状况确定对应于该标准的地震或震级-距离组合。在此基础上，他们建议兼顾其它物理量(例如反应谱)的破坏作用，选择保守地震取代平均地震，以更好地满足设防标准。以上三者都是强调了设定地震与地震危险性分析结果的概率一致性。

崔江余和杜修力（2000）提出概率一致反应谱不能正确反映地震动的中长期部分，为了合理地估计设计地震动反应谱，他们结合工程的动力特性和峰值加速度的经验设防标准，建议了一种重大工程设定地震确定方法，然后依据设定地震和地震动衰减关系确定设计地震动反应谱。李山有（1999，2000）在概率地震危险性分析基础上，以峰值加速度（PGA）为给定参数，采用 McGuire 提出的方法，强调了设定地震与地震构造的一致性。易立新等（2004）根据第四代《中国地震动参数区划图》编制中采用有效峰值加速度（EPA）的特点，结合概率性方法和确定性方法优点，建议了确定重大工程场点设定地震的原则和方法。他采用的方法与高孟潭类似，即依据震级空间联合分布函数来进行设定地震，但采用的地震动参数与震级、震中距的确定方法不同，前者采用的是有效峰值加速度（EPA），而后者为烈度；前者取震级空间联合分布函数最大值对应的震级为设定地震的震级，然后由衰减关系确定震中距，而后者直接取所有可能地震的震级和震中距的加权平均作为设定地震的震级和震中距。

# 四、讨　　论

在过去的几十年里，设定地震的研究取得了很大的进步，但仍然存在很多问题需要进一步研究：

（1）地震动参数衰减关系的选取。在我国设定地震的研究中，一般采用由烈度转换得到的衰减关系。但是烈度是对宏观震害的定性描述，并不能反映地震动的频谱特性和强震持时的变化。近几年，陈厚群等（2005）、张翠然（2010）等建议采用不经烈度转换的反应谱衰减关系，将 NGA 直接应用到实际工作中，并论述了合理性，这是避免使用转换衰减关系的一个方法，但是，衰减关系是有地域性，其仅通过中国和美国西部均为板内浅源地震等方面论述两地区衰减关系相同，似乎考虑问题的范围过大了。目前的资料现状决定了设定地震研究中衰减关系的选取将是一个长远的研究课题。

（2）地震动参数的选取。在确定设定地震时，国内还没有一个统一合理的规范来规定采用何种地震动参数。目前的研究主要集中在采用烈度、峰值加速度、有效峰值加速度、某一周期点的反应谱四种参数，且以峰值加速度居多，但考虑到峰值加速度的脉冲高频尖峰对反应谱影响不显著以及我国从第四代《中国地震动参数区划图》开始已经使用有效峰值加速度，所以设定地震采用有效峰值加速度参数进行研究可能是将来的一个发展方向。

（3）不确定因素的考虑。在设定地震确定过程中，对潜在震源区划分、地震活动性参数的估计、地震动衰减关系的选择等环节存在着很大的不确定性，现在的解决办法是采用多方案综合考虑，但如何找出真正能反映地震危险性又与给定概率一致的地震动参数仍有难度。除此之外，对于不确定因素的研究，国内外学者研究的也比较少。

目前，尽管设定地震的研究还有一些需要改进和发展的方面，但是，利用设定地震来进行地震危险性分析已经被大部分工程地震工作者所接受。在过去的几十年里，国内外的学者们不断地对这种方法进行研究拓展，得到了一些宝贵的经验，在实际工程应用中发挥了重要的作用。

在以往的概率性和确定性地震分析方法无法满足地震动参数确定的前提下，设定地震的研究成为了一个新的研究方向。

## 参 考 文 献

蔡长青，沈建文.1998.基于有物理意义地表地震动的一致概率法.地震学报，20(5)：489～495.

陈厚群，李敏，石玉成.2005.基于设定地震的重大工程场地设计反应谱的确定方法.水利学报，36(12)：1399～1404.

崔江余，杜修力.2000.重大工程设定地震动确定.世界地震工程，16(4)：25～28.

高孟潭.1994.潜在震源区期望震级和期望距离及其计算方法.地震学报，16(3)：346～351.

国艳，王怡学，韩绍欣.2007.设定地震影响场的分析方法.东北地震研究，23(4)：42～46.

韩竹军，张裕明，黄昭.1999.城市震害预测中设定地震的确定问题.中国地震，15(4)：349～356.

胡聿贤.1990.地震危险性分析中的综合概率法.北京：地震出版社.

雷建成，张耀国，周荣军等.1999.自贡市设定地震的确定.中国地震，15(4)：357～369.

李山有，廖振鹏.1999.基于概率地震危险性分析的重大工程结构设计地震的研究.工程抗震，3：18～21.

李小军，赵凤新，胡聿贤.1997.空间相关地震动场模拟的研究.地震学报，19(2)：212～215.

刘志平，陈波，李忠伟.2007.松原市城市设定地震浅析.东北地震研究，23(1)：67-73.

罗奇峰.1996.概率一致设定地震及其估计方法.地震工程与工程振动，16(3)：22～29.

聂树明，周克森.2008.设定地震及其烈度影响判别.华南地震，28(2)：47～52.

荣棉水，吕悦军，彭艳菊等.2011.渤海海洋石油平台设定地震反应谱的确定.地震学报，33(3)：386～396.

沈建文，蔡长青.1998.概率一致的期望地震和概率一致的保守地震.地震学报，20(6)：607～613.

沈建文，余湛，石树中.2007.地震安全性评价中时程的包线与设定地震.震灾防御技术，2(2)：201～206.

时振梁，曹学锋，闫秀杰.2002.中国城市地震研究概述.中国地震，18(4)：365～370.

文彦君.2008.延怀盆地设定地震浅析.西北地震学报，30(2)：159～162.

易立新，胡晓，钟菊芳.2004.基于EPA的重大工程设计地震动确定.地震研究，27(3)：271～276.

张翠然，陈厚群，李敏.2010.基于NGA衰减关系的坝址设定地震研究.中国水利水电科学研究院学报，8(1)：1～10.

钟菊芳，胡晓，易立新等.2005b.重大工程设定地震方法研究进展.水力发电，31(4)：22～24.

钟菊芳，温世亿，胡晓.2011.沙牌坝址基岩场地地震动输入参数研究.岩土力学，32(2)：387～397.

钟菊芳，吴胜兴，胡晓等.2005a.新疆克孜尔坝址设定地震研究.河海大学学报，33(4)：413～417.

周克森.1998.地震危险性分析发展与工程应用.华南地震，18(1)：27～34.

Aagaard B T，Graves R W，Rodgers A，et al. 2010b. Ground-motion modeling of Hayward fault scenario earthquakes，Part II：simulation of long-period and broadband ground motion. Bulletin of the Seismological Society of America，100(6)：2945～2977.

Aagaard B T，Graves R W，Schwartz D P，et al. 2010a. Ground-motion modeling of Hayward fault scenario earthquakes，Part I：construction of the suite of scenarios. Bulletin of the Seismological Society of America，100(6)：2927～2944.

Cornell C A. 1968. Engineering seismic risk analysis. Bulletin of the Seismological Society of America，8

　　(5)：1583～1606.

Graves R W，Aagaard B T. 2011. Testing long-period ground-motion simulations of scenario earthquakes u-
　　sing the $M_w$7.2 El Mayor-Cucapah mainshock：evaluation of finite-fault rupture characterization and
　　3D seismic velocity models. Bulletin of the Seismological Society of America，101(2)：895～907.

Harmsen S，Hartzell S，Liu P. 2008. Simulated ground motion in Santa Clara Valley，California，and Vic-
　　inity from $M \geqslant 6.7$ scenario earthquakes，Bulletin of the Seismological Society of America，98(3)：
　　1243～1271.

Ishikawa Y and Kameda H. 1988. Hazard-consistent magnitude and distance for extended seismic risk analy-
　　sis. Proc. of 9th World Conf. Earthq. Eng，Vol. Ⅱ：89～94.

Ishikawa Y and Kameda H. 1991. Probability based determination of specific scenario earthquake. Proc. 4th
　　International Conference on Seismic Zonation. Vol. Ⅱ：3～10.

McGuire R K. 1995. Probabilistic seismic hazard analysis and design earthquake：closing the loop. Bulletin
　　of the Seismological Society of America，85(5)：1275～1284.

Pulido N，Ojeda A，Atakan K et al. 2004. Strong ground motion estimation in the Sea of Marmara region
　　(Turkey)based on a scenario earthquake. Tectonophysics，391：357～374.

# Review on study of scenario earthquake

## Xu Dandan　　Rong Mianshui　　Lu Yuejun

(Institute of Crustal Dynamics，CEA，Beijing 100085，China)

　　Combining the virtues of determinacy and probability seismic hazard analysis meth-
ods，scenario earthquake is a deterministic earthquake with probability significance. In this
paper，the studies on the history and status of scenario earthquake are summarized and the
classification of scenario earthquake is introduced. The problems and future trends of sce-
nario earthquake are also discussed.

# 某抽水蓄能电站原地应力测试与厂房
# 轴线方位优化设计

王建新　　郭啟良　　李　兵

(中国地震局地壳应力研究所　北京　100083)

**摘　要**　对某抽水蓄能电站工程区利用水压致裂法进行了地应力测试；详细讨论了水压致裂法理论方法，结合试验结果与工程区地质条件，深入分析了水压致裂过程中的压力-时间特征曲线，利用破裂压力、闭合压力和重张压力得到了工程区最大和最小水平主应力及其作用方向。结合地应力测试结果，应用强度折减法对厂房方位与主应力的相互关系进行分析和数值模拟优化设计，得到了厂房围岩整体安全系数；综合评价了电站厂房区的稳定性，为类似工程问题提供了参考。

## 一、引　　言

在地下工程、基础工程以及水利工程等岩土体工程的前期勘察阶段，工程区地应力状态是必须考虑的因素。在水利工程设计中，区域地应力的大小和方向会对工程的水工地下结构稳定性和渗透稳定性产生重要的影响。所以厂房轴线方向与最大地应力方向的相对位置的选择是水工地下结构必须考虑的问题。

水压致裂法地应力测量，是目前进行区域地应力测试的最有效方法之一，它具有操作简便，任意深度连续测试、测值稳定等特点，除此之外，水压致裂法还有不需要岩石力学参数参与计算的特点，避免由于岩石复杂性带来的参数取值不准确的弊端。因此，这一技术被广泛应用于岩土工程钻孔的地应力测试工作中。由于这一技术在工程领域的突出作用，水压致裂法的原理和理论研究也在不断的深入。

本文详细分析了水压致裂法的基本原理，并结合某抽水蓄能电站的原地应力测试试验，对工程区地应力的状态进行了综合评价。同时，根据试验结果对电站厂房位置与地应力关系进行了深入探讨，并进行了数值计算验证，为工程厂房方位的选择提供了重要参考。

## 二、水压致裂法的基本原理

水压致裂原地应力测量是以弹性力学为基础，并以下面三个假设为前提：①岩石是线弹性和各向同性的；②岩石是完整的，压裂液体对岩石来说是非渗透的；③岩层中有一个主应力的方向和孔轴平行。

　　在上述理论和假设前提下，水压致裂的力学模型可简化为一个平面应力问题(International Society for Rock Mechanics Commission on Testing Methods，1987)，见图1。即无限大平面上的圆孔在最大最小主应力作用下的应力状态分析。根据弹性力学基本原理，圆孔的轴向、径向剪切应力的表达方式如下：

$$\left.\begin{aligned}
\sigma_r &= \frac{\sigma_1+\sigma_2}{2}\left(1-\frac{\alpha^2}{r^2}\right)+\frac{\sigma_1-\sigma_2}{2}\left(1-\frac{4\alpha^2}{r^2}+\frac{3\alpha^4}{r^4}\right)\cos2\theta \\
\sigma_\theta &= \frac{\sigma_1+\sigma_2}{2}\left(1+\frac{\alpha^2}{r^2}\right)-\frac{\sigma_1-\sigma_2}{2}\left(1+\frac{3\alpha^4}{r^4}\right)\cos2\theta \\
\tau_{r\theta} &= -\frac{\sigma_1-\sigma_2}{2}\left(1+\frac{2\alpha^2}{r^2}-\frac{3\alpha^4}{r^4}\right)\sin2\theta
\end{aligned}\right\} \tag{1}$$

式中，$\sigma_r$ 为 M 点的径向应力，$\sigma_\theta$ 为切向应力，$\tau_{r\theta}$ 为剪应力，$r$ 为任一点到圆孔中心的距离。当 $r=\alpha$ 时，即为圆孔壁上的应力状态：

$$\left.\begin{aligned}
\sigma_r &= 0 \\
\sigma_\theta &= (\sigma_1+\sigma_2)-2(\sigma_1-\sigma_2)\cos2\theta \\
\tau_{r\theta} &= 0
\end{aligned}\right\} \tag{2}$$

　　因此，圆孔壁上最大、最小压力必然出现在对称点上。大小为 $3\sigma_2-\sigma_1$ 和 $3\sigma_1-\sigma_2$。在圆孔内施加的液压大于孔壁上岩石所能承受的应力时，将在最小切向应力的位置上产生张破裂。并且破裂将沿着垂直于最小主应力的方向扩展。此时把孔壁产生破裂的外加液压 $P_b$ 称为临界破裂压力，孔壁破裂后，若继续注液增压，裂缝将向纵深处扩展。若马上停止注液增压，并保持压裂回路密闭，裂缝将停止延伸。由于地应力场的作用，裂缝将迅速趋于闭合。通常把裂缝处于临界闭合状态时的平衡压力称为瞬时闭合压力 $P_s$，它等于垂直裂缝面的最小水平主应力；如果再次对封隔段增压，使裂缝重新张开时，即可得到破裂重新张开的压力 $P_r$：即：$\sigma_H=3P_s-P_r-P_0$，$\sigma_h=P_s$。式中，

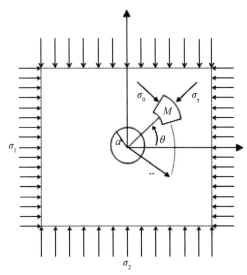

图 1　水压致裂力学模型

$\sigma_H$ 为最大水平主应力；$\sigma_h$ 为最小水平主应力。垂直主应力 $\sigma_v$ 按照上覆岩层重力来计算。

　　最大主应力方向的确定方法为定向印膜法，它可直接把孔壁上的裂缝痕迹印下来；它由自动定向仪和印模器组成。测定方位时，要选择岩石完整，压力时间关系曲线有较高破裂压力的测段。先将接有定向仪的印模器放到水压致裂应力测量段的深度，然后在地面通过增压系统将印模器膨胀。定向仪是由照相系统、测角部件、定向罗盘和时钟控制装置等构成。印模器保压时间结束后，卸掉印模器的压力并将其提出钻孔。取出照相底片进行显影和定影，通过底片即可直接读出印模器的基线方位(郭啟良等，2006)。同时用透明塑料薄膜将印模器围起，绘下印模器表面凸起的印痕和基线标志，然后利用基线、磁北针和印

痕之间的关系可算出所测破裂面的走向，即最大水平主压应力的方向。

# 三、工程区域地应力测试

本文以某抽水蓄能水电站厂房工程区域地应力测试为例，实践了水压致裂的测试方法，得到了工程区最大与最小主应力值及其方向。该水电站厂房区岩石主要为灰白色粗粒二长花岗岩，深部见到少量的浅灰色斜长角闪岩脉。测试钻孔岩芯完整，孔径为 75mm，孔深约 500m。在厂房区域成功进行了 7 个测试段试验，取得了比较满意的结果。

各个测段水压致裂测试过程中的压力-时间记录曲线详见图 2。破裂压力 $P_b$、重张压力 $P_r$、闭合压力 $P_s$，在各次压裂循环中清晰明确，重复性较好。

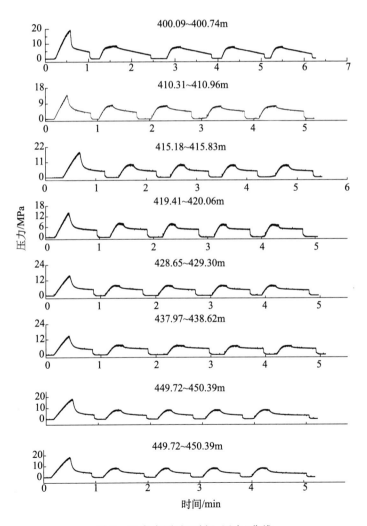

图 2　地应力测试（时间-压力）曲线

各测段的破裂压力 $P_b$ 一般为 18.0～24.0MPa；重张压力 $P_r$ 一般为 10.0～12.0MPa，岩石强度比较均匀；闭合压力 $P_s$ 为 9.0～11.0MPa；由重张压力和闭合压力分别计算求得的最大水平主应力 $\sigma_H$ 一般为 14.0～17.0MPa，最高达到 16.66MPa；最小水平主应力值 $\sigma_h$ 为 9.0～11.0MPa，最高达到 10.61MPa；岩石抗拉强度 $T$ 为 6.7～12.1MPa，各测段的测量结果见表 1。

表 1    水压致裂原地应力测量结果计算表

| 序号 | 测段深度/m | 压裂参数/MPa | | | | | | 主应力值/MPa | | | 破裂方位(°) |
|---|---|---|---|---|---|---|---|---|---|---|---|
| | | $P_b$ | $P_r$ | $P_s$ | $P_H$ | $P_0$ | $T$ | $\sigma_H$ | $\sigma_h$ | $\sigma_v$ | |
| 1 | 400.90～400.74 | 23.42 | 10.72 | 9.57 | 3.92 | 3.32 | 12.70 | 14.67 | 9.57 | 10.61 | N60°E |
| 2 | 410.31～410.96 | 18.22 | 10.72 | 9.72 | 4.02 | 3.42 | 7.50 | 15.02 | 9.72 | 10.86 | — |
| 3 | 415.18～415.83 | 22.17 | 11.57 | 10.07 | 4.07 | 3.47 | 10.60 | 15.17 | 10.07 | 10.99 | N62°E |
| 4 | 419.41～420.06 | 17.81 | 11.11 | 9.91 | 4.11 | 3.51 | 6.70 | 15.11 | 9.91 | 11.10 | — |
| 5 | 428.56～429.30 | 19.90 | 10.55 | 10.02 | 4.20 | 3.60 | 9.35 | 15.91 | 10.02 | 11.34 | N56°E |
| 6 | 437.97～438.62 | 19.49 | 10.94 | 10.19 | 4.29 | 3.69 | 8.55 | 15.94 | 10.19 | 11.59 | — |
| 7 | 449.72～450.39 | 22.71 | 11.36 | 10.61 | 4.41 | 3.80 | 11.35 | 16.66 | 10.61 | 11.90 | — |

使用自动定向仪，选取在该孔压裂过程中破裂压力比较明显的三段进行印模测定，以确定本孔最大水平主应力方向，这三段的深度分别为 400.90～400.74m、415.18～415.83m 和 428.56～429.30m。在印模过程中，施加印模器上的压力一般在 15.0～20.0MPa，超过破裂重张压力 $P_r$，并保持该压力 1 小时左右，印模结果见图 3。由这三段的印模结果确定最大水平主应力方向由浅至深分别为 N60°E、N62°E 和 N56°E。

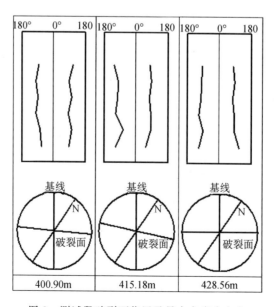

图 3    测试段破裂面位置及最大主应力方向

# 四、厂房轴线方向优化设计

地下厂房是水电站的重要组成部分，由于其建筑规模大、安全性要求较高，在设计时需要考虑的因素也比较多(郭啟良等，2002)。其中，水电站厂房长轴线与工程区最小水平应力的相互关系(如图4中角度A)一直以来是地下厂房设计中的重点和难点。

本文依据工程区原地应力测试结果，并应用强度折减有限元法(郑颖人等，2004)对地下厂房与最小水平主应力方向的相互关系进行了计算讨论，并对角度A进行了优化设计。按照以上测试资料，最小水平主应力在厂房位置的大小为15.94MPa，方向按照加权平均结果取N59°E；垂直主应力取厂房位置上覆岩层的重度，由于工程区岩石较为完整，以花岗岩为主，计算中取岩石的力学参数如下：重度为2553kN·m$^{-3}$，弹性模量$E=2.8$GPa，泊松比$\gamma=0.25$，黏聚力$C=2.73$MPa，摩擦角$\varphi=32.2$。计算模型见图5。厂房洞室主要包括了主厂房和主变室，高度分别为49.6m和31.2m。计算模型底部为全约束固定边界条件，左右为应力边界条件，上部为岩石的上覆重力边界条件，共8524个单元，3568个节点。计算中采用摩尔-库仑内接圆破坏准则(赵尚毅等，2002)，应用强度折减法对夹角A＝10°～100°等间隔的10个工况进行了计算，得到了各个工况的整体安全系数及各个工况厂房围岩处于极限平衡状态下的等效塑性应变，见图6。

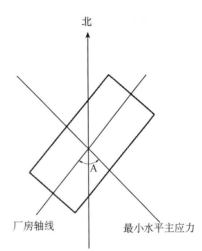

图4 地下厂房区与最小水平主应力的相对位置

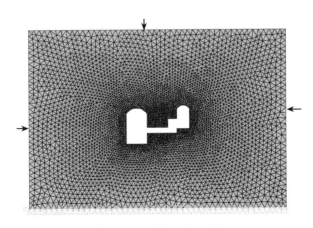

图5 计算模型及边界条件

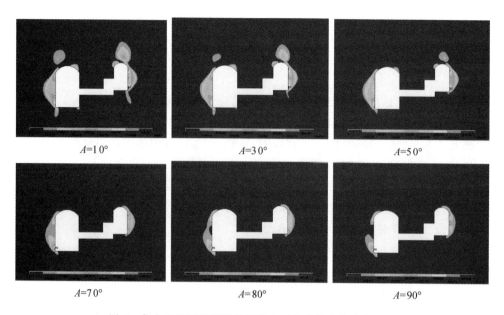

图6　各个工况厂房围岩极限状态下的等效塑性应变云图

由图6可以看出，当地下厂房轴线与围岩内最大水平主应力的夹角A较小时，厂房围岩以垂直主应力为主，在顶拱围岩出现了较大的塑性应变，其中在主变室左上角达到了最大；随着夹角的增大，最大水平主应力在厂房轴线位置的垂直分量逐渐增大，由图上可以看出，夹角越大，顶拱的塑性区范围逐渐变小，最大塑性应变出现在厂房的底角位置。当夹角为90°时，厂房围岩无明显贯通的塑性区。围岩由垂直应力为主的应力状态逐渐转变为以最大水平主应力为主的应力状态。

图7给出了10个工况下厂房围岩整体安全系数随着夹角的变化趋势。可以看出，该抽水蓄能电站厂房工程区围岩具有较高的安全稳定性，整体安全系数随着夹角A的增大而增大，说明最大水平主应力在垂直于厂房轴线方向位置的分量越大厂房越安全。当最小水平主应力直接垂直作用于厂房轴线上时，即A＝90°，厂房围岩的整体安全系数并不是最高点，安全系数最大值出现在A＝83°左右。

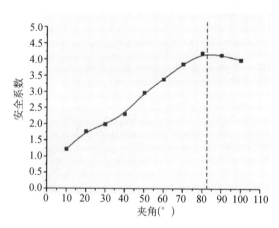

图7　厂房围岩整体安全系数随夹角的变化曲线

根据以上分析，该电站厂房的轴线方位与最小主应力夹角为83°时，即北偏东142°或北偏西36°时，围岩的整体稳定性最好。同时也可以看出，当夹角较小时，厂房顶拱位置为围岩支护的重点部位，当夹角较大时，厂房的两帮位置及底角为重点支护部位。

以原地应力测试数据为基础的数值计算优化方法为厂房方位的选择提供了非常重要的依据。在实际的厂房方位选择中，还要参考工程区具体的水文地质条件及岩层结构等因素，综合考虑确定厂房的方位。

# 五、结　　论

本文采用水压致裂法对水电站厂房区地应力进行了细致的测试与分析，在对其工程区域地应力场深入研究的基础上，采用数值计算的方法，对水电站厂房轴线与最大主应力方位的相互位置进行了优化，为工程设计提供了重要的参考。

（1）基于原地应力测试结果的厂房方位数值优化分析方法，为厂房方位的选择提供了重要的依据。

（2）应用强度折减法对厂房轴线方位设计进行了优化，分析了围岩整体稳定性随着厂房轴线与最小水平主应力的夹角的变化关系，夹角越大，厂房围岩的塑性区范围逐渐变小，最大塑性应变从顶拱位置转移到厂房底角位置。当夹角较小时，厂房顶拱位置为围岩支护的重点部位，当夹角较大时，厂房的两帮位置及底角为重点支护部位。

（3）当最小水平主应力垂直作用于厂房轴线时，围岩的安全系数并非最大值，当夹角略小于 90°时安全系数最大。

## 参 考 文 献

郭啟良，安其美，赵仕广．2002．水压致裂应力测量在广州抽水蓄能电站设计中的应用，岩石力学与工程学报，21(6)：221～229．

郭啟良，伍法权，钱卫平．2006．乌鞘岭长大深埋隧道围岩变形与地应力关系的研究，岩石力学与工程学报，25(11)：2194～2199．

赵尚毅，郑颖人，时卫民等．2002．用有限元强度折减法求边坡稳定安全系数．岩土工程学报，24(3)：333～336．

郑颖人，赵尚毅．2004．有限元强度折减法在土坡与岩坡的应用．岩石力学与工程学报，23(19)：3381～3388．

International Society for Rock Mechanics，Commission on Testing Methods. 1987. Suggested Methods for Rock Stress Determination. Int. J. Rock Mechanic. Mi Sci. & Geomechanical. Abstr. 24(1)：53～73.

# The optimization design of plant position in a Pumped-storage Power Station based on in-situ field stress test

## Wang Jianxin    GuoQiliang    Li Bing

(Institute of Crustal Dynamics, CEA, Beijing, 100085)

The in-situ stress test has been conducted through hydraulic fracturing in a pumped-storage power station engineering field. Combining the test results and field geology conditions we discuss in detail the theory of hydraulic fracturing, and give a deep analysis of time-pressure characteristics curve in the process of hydraulic fracturing. The paper calculates maximum and minimum horizontal principal stress in the engineering filed making use of break and shut stress, meanwhile the directions of principal stress have been proposed. Based on these results, we carry on the optimization design of plant position by strength reduced FEM. Finally, we present a general evaluation of engineering field stability, which is an important reference to other engineering.

# 区域应力状态与断层强度相关性探究[*]

## 宋成科　　王成虎

（中国地震局地壳应力研究所　　北京　　100085）

**摘　要**　了解断层区域应力状态对认识断层强度具有重要作用。针对如何运用已有应力数据分析断层强度的问题，在总结国内外断层区域实测应力资料和岩石摩擦实验相关数据的基础上，系统分析了断层区域应力方向及摩擦系数与断层强度的关系。结果表明，多数板内活动断层区域的应力方向有利于断层活动，断层摩擦系数处于拜尔利摩擦系数的范围(0.6~1.0)。通过系统分析多个发震断层的应力数据，建立了活动断层浅部和深部应力状态关系的两种模式，并阐述了震源区断层的摩擦性质。模式一，浅部和深部应力状态一致并都处于极限应力状态，断层摩擦系数均处于拜尔利摩擦系数的范围。该情况下，地震发生过程中摩擦系数由高变低；模式二，浅部和深部应力状态不一致，浅部处于极限应力状态，摩擦系数处于拜尔利准则的范围，但深部未达到极限应力状态，摩擦系数较低。该情况下，地震过程中摩擦系数维持较低水平。本研究对明确断层活动性、应力状态和断层强度之间的关系具有借鉴意义。

## 一、引　　言

强烈破坏性地震的孕育与发生，是强烈的地壳构造应力作用的结果(李四光，1977)，同时地震作用也改变了周围断层上的应力状态(Stein，1999；Hardebeck，2004；Ma et al.，2005)。明确大地震前、地震过程中和震后活动断层上的原地应力是认识地震能量的积累和释放、了解地震发生和发展过程的有效途径(Lin et al.，2011)。断层区域应力状态受很多因素影响，其中断层强度对其影响巨大。研究表明，可以利用断层区域应力相关信息分析断层强度(McGarr et al.，1982；Zoback，M D，et al.，1992)。分析断层区域应力状态的基础理论是安德森理论。安德森在假设地壳主应力方向为水平和竖直的基础上，根据断层与产生断层的应力的关系将断层分为三种类型：正断层、逆断层和走滑断层(Anderson，1905)。虽然地壳应力状态并不都符合安德森假设，但是在多数情况下采用安德森断层分类原则是可行的(Zoback，1989)。

几十年来，关于断层区域应力状态的研究主要集中于明确断层的应力状态与摩擦系数

---

　　* 中央级科研院所基本科研任务专项(NO. ZDJ2012 - 20)、国土资源部行业专项中国大陆地壳探测计划(Sino - Probe07 - 03)、国家自然科学基金青年基金项目(No. 40704018)资助。

(Provost et al.，2001；Scholz et al.，2000)，阐明断层区域应力场与构造应力场的关系(Yale，2003；Heidbach et al.，2010)，解释岩石摩擦实验结果与断层强度关系(Faulkner et al.，2006)。但是，在运用区域应力状态解释断层强度方面还存在严重不足。针对这个问题，本文首先总结了前人的研究方法，通过归纳实测应力资料和岩石摩擦实验的相关数据，综合分析了区域应力状态与断层强度的关系。

# 二、研究方法和特征指标

应力状态包括应力的大小和方向，断层摩擦系数的大小可以反映断层强度的高低。研究断层区域应力状态与断层强度的关系，首先要了解二者的相关信息，表1总结了研究者近几十年来获得断层区域应力状态以及断层摩擦系数所采用的方法。

**表 1　断层区域应力状态及摩擦系数的获取方法总结**

| 研究方法 | | 具体实施方法 | 获得信息 | 备注 |
|---|---|---|---|---|
| 地应力实测方法 | | 水压致裂法 | 应力大小和方向 | Zoback et al. (1980) 李方全等(1982) |
| | | 钻孔崩落法 | 应力方向 | Hickman et al.(2004) Lin et al. (2010) |
| 震源机制解法 | | 运用震源机制反演应力状态 | 震源区断层应力方向 | 崔效锋等(1999) 谢富仁等(2001) |
| 岩石摩擦实验 | 准静态摩擦实验 | 对岩石试件进行剪切实验 | 岩石静摩擦系数 | Byerlee(1978) 张伯崇(1996) |
| | 高速摩擦实验 | 对断层物质进行高速剪切实验 | 断层物质在较剪切速率下的摩擦系数 | di Toro et al. (2006) Ferri et al. (2011) |
| | 高温高压摩擦实验 | 高温高压条件下对断层物质进行摩擦实验 | 高温高压条件下断层物质摩擦系数 | 何昌荣等(2004) Blanpied et al. (1995) |
| 数值模拟 | | 根据地质和地球物理资料计算断层应力状态 | 应力大小和方向 | Chery et al. (2001) Fitzent et al. (2004) |
| 其他方法 | | 根据震后实测应力数据或震源机制解反演震前应力状态 | 震前应力大小和方向 | Gross et al. (1994) 万永革(2006) |

从表1可知，通过不同方法获得的资料既包含应力大小和应力方向的信息，也包含断层摩擦系数的信息，为了进一步分析断层区域应力状态和断层强度，需要对通过以上方法所得的不同数据进行处理。研究人员定义了一系列特征指标，将离散的数据转化为定量指

标，来评估断层区域应力状态和断层强度。表 2 列出了分析应力状态和断层强度的特征指标。表 2 中 $\sigma_H$ 和 $\sigma_h$ 分别表示断层区域水平最大和最小主应力，$\sigma_v$ 表示垂直主应力，$\tau$ 为断层的剪应力，$P$ 为孔隙水压力。

**表 2　分析应力状态和断层强度相关性的特征指标**

| 特征指标 | 表示内容 | 计算方法 | 备注 |
|---|---|---|---|
| $K$ | 侧向应力系数 | $K_H = \sigma_H/\sigma_v$，$K_h = \sigma_h/\sigma_v$ | Chang et al. (2010) |
| $\theta$ | 最大主应力与断层走向夹角 | 无需计算 | Provost et al. (2001)<br>Townend et al. (2004) |
| $\mu$ | 断层摩擦系数 | $\mu = \tau/(\sigma - P)$ | Zoback et al. (2000) |
| $\mu_m$ | 广义断层摩擦系数 | $\mu_m = (\sigma_1 - \sigma_3)/(\sigma_1 + \sigma_3)$ | Yamashita et al. (2004) |

确定断层是否会产生剪切滑动需要明确两个方面的信息：①断层固有剪切强度；②断层的剪应力。由于缺少断层固有剪切强度的相关信息，本文并未分析断层绝对应力的大小，而是使用断层的摩擦系数表示断层相对强度。断层的滑动趋势取决于就应力场而言的断层方位，即断层走向与断层应力方向的关系。因此，本文将断层区域应力方向和断层的摩擦系数作为研究的重点。

# 三、区域应力场方向和断层摩擦系数的统计分析

## 1. 断层区域应力方向

将安德森断层分类原则和拜尔利准则相结合可计算新产生的断层区域最大主应力与断层走向夹角 $\theta$，该夹角与岩石摩擦实验结果基本一致，将此时 $\theta$ 用 $\theta^*$ 表示。新产生的走滑断层的 $\theta^*$ 趋于 $30°$，新产生的逆断层的 $\theta^*$ 趋于 $90°$。如果断层区域最大主应力与断层走向夹角 $\theta$ 接近 $\theta^*$，则认为该断层处于有利于其活动的方向，强度较大；若 $\theta$ 偏离 $\theta^*$ 较多则说明该断层处于不利于其活动的方向，强度较小。国内外很多研究者通过应力实测或震源机制解反演的方法研究断层区域应力方向，表 3 列举了国内外的部分研究结果，原文献并未给出最大主应力与断层走向夹角，此处根据原文数据和地质相关资料计算得出。

认为表 3 中通过震源机制解方法所获得的震源区断层应力方向是断层活动时深部的应力方向，而实测数据则更多地反映了断层浅部的应力方向。从国内外的研究成果可知绝大多数板内活动断层区域的 $\theta$ 接近 $\theta^*$，说明绝大多数板内活动断层处于有利于其活动的方向。一些板块边界区域大位移走滑断层应力数据显示 $\theta$ 远大于 $\theta^*$，有的断层区域的 $\theta$ 接近甚至超过 $2\theta^*$，说明这些断层区域应力状态不利于断层的活动。Townend(2006)认为产生软弱断层的机理可能影响更多板块边界大位移走滑断层。

表3 国内外断层区域应力方向的研究结果

| 断层名称 | 构造区域 | 断层类型 | 获得方法 | $\theta(°)$ | 应力方向的解释说明 | 备注 |
|---|---|---|---|---|---|---|
| 煤岭弧断裂 | 板内 | 逆断层 | 地应力实测 | 50~70 | 浅部应力方向,有利于断层活动 | 孙叶等(1983) |
| 郯庐断裂北段 | 板内 | 走滑断层 | 地应力实测 | 30~45 | 浅部应力方向,有利于断层活动 | 葛荣峰等(2009) |
| 大苏门答腊断层 | 板块边界 | 走滑断层 | 地应力实测 | 70~80 | 浅部应力方向,不利于断层活动 | Mount(1992) |
| 玉龙雪山山前断裂 | 板内 | 逆断层 | 震源机制解法 | 80~90 | 深部应力方向,有利于断层活动 | 张永庆等(2009) |
| 红河断裂 | 板内 | 走滑断层 | 震源机制解法 | 30~50 | 深部应力方向,有利于断层活动 | 王绍晋等(2010) |
| 马尔伯勒断裂系 | 板块边界 | 走滑断层 | 震源机制解法 | 70~90 | 深部应力方向,不利于断层活动 | Balfour(2005) |
| 城堡山断层 | 板块边界 | 走滑断层 | 震源机制解法 | 70~90 | 深部应力方向,不利于断层活动 | Bunds(2001) |

以上是断层区域应力状态的一般规律,本研究更为关心发震断层应力状态,尤其是震前断层应力状态。为此,笔者收集了近些年来国内外发生的大地震发震断层及活动性较强断层区域的应力资料,断层区域最大主应力与断层走向夹角见图1。图1(a)中的不同实心体表示该断层区域不同深度的应力方向,实心体半径越大表示测量深度越深。

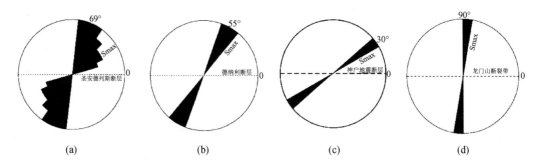

图1 部分发震断层和活动性较强断层区域最大主应力方向

(a)圣安德列斯断层(Hickman et al,2004);(b)德纳利断层(Ratchkowski,2002);
(c)神户地震发震断层(Yamashita et al,2004);(d)龙门山断裂(郭啟良等,2009)

从图1可知,不考虑潜在滑动的可能性,仅从断层滑动的趋势来说,圣安德列斯断层和德纳利断层深部应力方向不利于该断层的滑动,神户地震发震断层和龙门山断裂带的浅部实测应力方向有利于断层的活动。但是由于断层浅部和深部的应力关系尚不明确，而且断层区域应力方向会受到其他因素的影响，仅从应力方向角度很难准确把握断层强度，因此需要引入断层摩擦系数进行分析。

**2. 断层摩擦系数**

拜尔利总结了众多岩石摩擦实验的结果，得出多数岩石内摩擦系数在 0.6～0.85 之间，黏土矿物和富含黏土的岩石除外。Zoback 和 Healy 对位移较小的活动断层区域浅部应力进行了实测，结果表明在静水压力条件下，现今的构造环境有利于这些断层再次活动，而且断层区域摩擦系数为 0.6～1.0 之间(Zoback et al，1984)，这与拜尔利准则限定的断层摩擦系数区间相接近。Hickman(1991)指出，在静水压力条件下，拜尔利准则限定了一些地下几公里的深井中测得的原地应力的上限。Townend 和 Zoback(2000)认为有足够证据证明板内地壳处于破裂平衡状态，而地壳能量的释放则是通过活断层的活动实现。

国内外研究者对震前震后断层摩擦系数进行了研究，表 4 总结了部分活动性较强断层以及发震断层的摩擦系数。

表 4　部分活动断层和发震断层摩擦系数

| 断层名称 | | 深度/m | 应力性质 | 摩擦系数 $\mu$ | 备注 |
|---|---|---|---|---|---|
| 车笼埔断层 | 震后 | 1140 | 逆冲性质 | 0.3～0.6 | Lin et al.(2010) |
| 圣安德列斯断层 | | ＜1000 | 逆冲性质 | 0.6 | Hickman et al.(2004) |
| | | ～2100 | 走滑性质 | 0.22 | |
| 神户地震发震断层震中区 | 震前 | 900 | 走滑性质 | 0.6 | Yamashita et al.(2004) |
| | 震后 | | | ＜0.2 | Tadokoro et al.(2001) |
| 德纳利断层 | 震前 | 震源处 | 走滑性质 | 0.05～0.2 | Ratchkovski(2003) |
| | 震后 | | | 极低 | Wesson et al.(2007) |

德纳利断层震源处摩擦系数和圣安德列斯断层深部摩擦系数极小，可以认为断层的强度很低，这类不符合拜尔利准则、与坚硬的地壳相比较弱的断层被称为软弱断层，与之对应的其他一些断层被称为安德森-拜尔利类型的断层。而其他断层区域通过地应力实测所获得的应力数据，多数为浅部的应力信息。从以上分析可知，活动断层的摩擦系数既可能低于拜尔利准则限定的断层内摩擦系数，也可能与其相近，绝大多数板内活动断层的摩擦系数接近拜尔利摩擦系数的范围。对于仅有浅部或较浅部实测应力数据的断层，在不明确断层浅部和深部应力状态关系的情况下，无法判断这些断层活动的强弱。尽管如此，对以上资料的详细分析仍可以得出一些有意义的见解。

从应力状态与地震发生的关系角度来看，神户地震前断层的摩擦系数已经处于拜尔利准则所限定的断层内摩擦系数的范围内，震后断层的摩擦系数则降至较低水平，显然断层的摩擦系数与断层活动性有关。笔者认为安德森-拜尔利类型的断层，在地震之前其断层的加载过程是准静态的过程，断层的持续加载导致了断层区域应力状态的变化。随着加载的持续进行，断层区域应力方向逐渐变化到有利于断层滑动的方向，此后只有断层区域应力大小发生变化。断层可积累应力的大小由断层强度决定，断层强度越高，断层积累的应力就越大。如果断层不能承受过度积累的应力，则断层会产生滑动从而将能量释放，应力随之降低，因而形成了对应力场的控制。这与地壳应力受限于先前存在的定向断层摩擦强度的说法是一致的。能量释放的多少决定了震后断层区域的应力状态，震后应力状态既可以有利于断层的再次活动也可以降至较低水平。从震前震后的实测应力可知，大地震后断层应力明显降低。

从浅部和深部应力的关系角度来看，对于圣安德列斯断层，其浅部和深部应力状态并不具有连续性。大量研究结果表明，地壳应力在浅部和深部存在紧密关系(吴满路等，2002，2005；Zoback，ML，1992)，地壳浅部的地应力测量结果能够反映构造应力场特征，然而对于活动断层区域的浅部和深部应力关系还没有一致的结论。根据已有的资料，笔者将其分为两种模式：①活动断层浅部和深部应力状态一致。当浅部处于极限应力状态时深部也处于极限应力状态；当浅部不处于极限应力状态时深部也不处于极限应力状态。然而出现后者的情况比较少，主要是由于绝大多数活动断层浅部处于极限应力状态(Zoback et al.，1984)。②活动断层浅部和深部应力状态不一致，虽然浅部处于极限应力状态但深部仍未达到极限应力状态，即不利于断层的滑动。是否存在活动断层浅部应力状态不利于断层滑动、而深部已经处于极限应力状态的情况呢？笔者的答案是否定的，首先从统计结果看，地应力实测数据显示浅部应力状态处于极限应力状态，而且软弱断层区域的资料也没有表明该情况的存在。其次深浅部物质物理力学性质的差异证明浅部应力状态比深部更加有利于断层滑动(Chery et al，2004)。因此，只要明确了活断层浅部和深部应力的关系，就可以通过浅部实测应力数据确定断层强度。

# 四、岩石摩擦实验结果的统计分析

长期以来，跟地震有关的岩石实验都将潜在断层的摩擦系数作为评价断层稳定性的主要控制指标，因此岩石摩擦实验一直是研究者认识断层强度的重要手段。虽然拜尔利准则是分析天然断层强度的重要标准，但是自然界中存在的软弱断层并不完全符合拜尔利准则。在研究断层弱化机理的过程中，研究者提出超孔隙水压力模型(Rice，1992)、软弱断层物质模型(Morrow et al.，2000)和动态滑动弱化模型(Wibberly et al.，2005)等几种断层弱化模型。本节将围绕高温高压摩擦实验和高速剪切实验讨论断层弱化的机理，在总结前人研究资料的基础上对地震发生发展过程中断层摩擦系数的变化进行分析。

本文所涉及高温高压摩擦实验是指在中上地壳温度和压力条件下研究断层摩擦性质的实验；高速剪切实验是指在同震断层滑动速度情况下研究断层摩擦性质的实验。表5总结了部分国内外在以上两种实验中所得到的数据。

从表5可以得出，在高温高压摩擦实验中，干燥条件下岩石摩擦系数与常温下的准静态摩擦系数基本一致，而水热作用对断层物质摩擦系数的影响较大，Blanpied等指出超过一定温度后水热作用使摩擦系数明显下降(Blanpied et al.，1995)。在高速剪切实验中，剪切速率对摩擦系数影响较大，在低速剪切阶段可以使用速度和状态依赖性的摩擦定律来解释断层摩擦性(Dieterlch，1978，1979)，该情况下断层摩擦系数与拜尔利准则限定的摩擦系数相近；在高速剪切阶段时即剪切速率达到同震断层滑动速度($1\sim3m/s$)，速度和状态依赖性的摩擦定律不再适用，只能通过摩擦实验来认识断层摩擦性，在此情况下断层摩擦系数发生明显降低。在高速剪切实验中，断层物质的摩擦熔融极大地降低了断层的摩擦系数(Tsutsumi et al.，1997；Hirose et al.，2005)，在部分断层上形成的硅胶层证明了在该过程中断层摩擦系数的降低(Goldsby et al.，2002)。

**表 5　国内外岩石摩擦实验结果**

| 实验名称 | 材料选取及说明 | 摩擦系数 | 备注 |
|---|---|---|---|
| 准静态摩擦实验 | 各种岩石 | 0.6～0.85 | Byerlee(1978) |
| 高温高压摩擦实验 | 辉长岩，干燥条件 | 0.5～0.8 | 何昌荣等(2004) |
| | 花岗岩，干燥条件 | 0.7～0.8 | Blanpied(1995) |
| | 花岗岩，含水条件 | ＜0.4 | |
| 高速剪切实验 | 断层出现假玄武玻璃的区域 | 0.05 | di Toro et al.(2006) |
| | 神户地震区域断层泥 | 0.63～0.18 | Mizoguchi(2007) |
| | 含黏土断层物质 | 0.4～0.2 | Tsutsumi(2011) |

笔者将地震发生过程简化为低速—高速—低速的摩擦过程，并主要讨论震源区的断层摩擦性质。与上节中得到的浅部和深部应力状态关系的两种模式相对应，震源区断层摩擦性质也可以分为两种模式：模式一，当浅部和深部应力状态关系一致时，震前浅部和震源区断层的摩擦系数均接近拜尔利准则的范围。地震成核过程伴随断层的低速滑动，地震成核后断层滑动由低速进入高速阶段，断层摩擦系数由高变低，能量的消耗使得断层滑动由高速重新变为低速。模式二，当浅部与深部应力状态关系不一致时，虽然震前浅部断层的摩擦系数接近拜尔利准则的范围，但是震源区断层的摩擦系数较低。该情况下，断层滑动可能是由水热作用引起的，水热作用降低了断层物质的摩擦系数，有利于断层滑动。因此，在积累的能量足够大的情况下，虽然断层浅部应力状态不利于断层滑动，但断层深部活动使断层浅部也产生活动。产生模式二的原因，除了水热作用外，还有其他的因素，本文不作讨论。岩石摩擦实验只能解释震源区断层摩擦系数的可能变化情况，而断层的强弱还需要通过应力状态的分析得知。

# 五、结　论

本文研究了区域应力状态与断层强度的关系，即将断层的强度与区域应力方向断层摩擦系数结合分析。断层强度越高，则断层能够积累的应力越大，断层摩擦系数越大，区域应力方向越有利于其活动；断层强度越低，断层能够积累的应力越小，断层摩擦系数越小，区域应力方向越不利于其活动。通过本文分析得到以下结论：

(1)板内地壳的绝大多数活动断层符合安德森理论，且处于极限平衡状态。区域应力方向有利于断层活动，拜尔利准则限定了大部分处于极限平衡状态的断层的摩擦系数。

(2)断层区域应力状态与断层活动性有关。在地震发生发展过程中，断层活动极大地影响了断层区域应力状态，使断层应力从有利于断层活动的状态转变到不利于断层活动的状态。随着断层的持续加载，断层应力状态会发生变化，再次引起断层活动。

(3)活动断层浅部和深部的应力状态并不一定具有连续性，浅部应力均处于极限应力状态，但深部的应力状态还需要进一步的研究。因此将断层浅部和深部应力关系分为两种模式是合理的。模式一，活动断层浅部和深部的应力关系一致，都处于极限应力状态，断层摩擦系数均接近于拜尔利准则的范围。模式二，活动断层浅部和深部应力关系不一致，浅部处于极限应力状态，摩擦系数接近于拜尔利准则的范围，但深部未达到极限应力状态，摩擦系数较低。

# 参 考 文 献

崔效锋，谢富仁.1999.利用震源机制解对中国西南及邻区进行应力分区的初步研究.地震学报，21(5)：513~522.

葛荣峰，张庆龙，解国爱等.2009.郯庐断裂带北段及邻区现代地震活动性与应力状态.地震地质，31(1)：141~154.

郭啟良，王成虎，马洪生等.2009.汶川 $M_S$8.0 级大震前后的水压致裂原地应力测量.地球物理学报，52(5)：1395~1401.

何昌荣，陶青峰，王泽利.2004.高温高压条件下辉长岩的摩擦强度及其速率依赖.地震地质，26(3)：450~460.

李四光.1977.论地震.北京：地质出版社.

李方全，孙世宗，李立球.1982.华北及郯庐断裂带地应力测量.岩石力学与工程学报，1(1)：73~86.

孙叶，王宗杰，沈士贞等.1983.北京煤岭弧形断裂现今应力状态.中国科学(B缉)，11：1021~1028.

万永革.2006.根据大地震前后应力轴偏转和应力降求取应力量值的研究.地震学报，28(5)：472~477.

王绍晋，张建国，余庆坤等.2010.红河断裂带的震源机制与现代构造应力场.地震研究，33(2)：200~207.

吴满路，廖椿庭，袁嘉音.2002.荒沟蓄能电站地下厂房地应力状态与工程稳定性分析.地球学报，23(3)：263~268.

吴满路，张春山，廖椿庭等.2005.青藏高原腹地现今地应力测量与应力状态研究.地球物理学报，48(2)：327~332.

谢富仁，苏刚，崔效锋等.2001.滇西南地区现代构造应力场分析.地震学报，23(1)：17~23.

张伯崇.1996.孔隙压力、断层滑动准则和水库蓄水的影响.长江三峡坝区地壳应力与孔隙水压力综合研究.北京：地震出版社.166~198.

张永庆，谢富仁，Gross S J.2009.利用 1996 年丽江地震序列反演震区应力状态.地球物理学报，52(4)：1025~1032.

Anderson E M. 1905. The dynamics of faulting. Trans Edin Geol Soc，8：387~402.

Balfour N J，Savage M K，Townend J. 2005. Stress and crustal anisotropy in Marlborough New Zealand：

evidence for low fault strength and structure-controlled anisotropy. Geophysical Journal International, 163(3)：1073～1086.

Blanpied M L, Lockner D A, Byerlee J D. 1995. Frictional slip of granite at hydrothermal conditions. Journal of Geophysical Research, 110(B7)：13045～13064.

Bunds M. P. 2001. Fault strength and transpressional tectonics along the Castle Mountain strike-slip fault, southern Alaska. Geological Society of America Bulletin, 113：908～919.

Byerlee J D. 1978. Friction of rock. Pure Appl Geophys, 116：615～626

Chang C, Lee J B, Kang T-S. 2010. Interaction between regional stress state and fault：Complementary analysis of borehole in situ stress and earthquake focal mechanism in southeastern Korea. Tectonophysics, (485)：164～177.

Chery J, Zoback M D, Hassani R. 2001. An integrated mechanical model of the San Andreas Fault in central and northern California. Journal of Geophysical Research, 106(B10)：22051～22066.

Chery J, Zoback M D, Hickman S. 2004. A mechanical model of the San Andreas fault and SAFOD Pilot Hole stress measurements. Geophysical Research Letter, 31：L15S13.

Dieterlch J H. 1978. Time-dependent friction and the mechanics of stick-slip. Pure Appl Geophys, 116：790～806.

Dieterlch J H. 1979. Modeling of rock friction：Experimental results and constitutive equations. Journal of Geophysical Research, 84：2161～2168.

di Toro G, Hirose T, Nielson S et al. 2006. Natural and experimental evidence of melt lubrication of fault during earthquakes. Science, 311：647～649.

Faulkner D R, Mitchell T M, Healy D, et al. 2006. Slip on 'weak' faults by the rotation of regional stress in the fracture damage zone. Nature, 444：922～924.

Ferri F, di Toro G, Hirose T, et al. 2011. Low-to high-velocity frictional properties of the clay-rich gouges from the slipping zone of the 1963 Vaiont slide, northern Italy. Journal of Geophysical Research, 116, B09208.

Goldsby D L, Tullis T E. 2002. Low frictional strength of squartz rocks at subseismic slip rate. Geophysical Research Letters, 29：1844.

Gross S J, Kisslinger C. 1994. Stress and the spatial distribution of seismicity in the central Aleutians. Journal of Geophysical Research, 99(B8)：15291～15303.

Hardebeck J L. 2004. Stress triggering and earthquake probability estimates. Journal of Geophysical Research, 109, B04310.

Heidbach O, Tingay M, BarthA et al. 2010. Global crustal stress pattern based on the World Stress Map database release 2008. Tectonophysics, 482：3～15.

Hickman S H, Zoback M D. 2004. Stress orientations and magnitudes in the SAFOD pilot hole. Geophysical Research Letter, 31, L15S12.

Hickman S H. 1991. Stress in the lithosphere and the strength of active faults. Review of Geophysics, 29：759～775

Hirose T, Shimamoto T. 2005. Growth of molten zone as a mechanism of slip weakening of simulated faults in gabbro during frictional melting. Journal of Geophysical Research, 110, B05202.

Lin W R, Saito S, Sanada Y et al. 2011. Principal horizontal stress orientations prior to the 2011 $M_w$ 9.0 Tohoku-Oki, Japan, earthquake in the source area. Geophysical Research Letters, 38, L00G10.

Lin W, Yeh E-C, Hung J-H et al. 2010. Localized rotation of principal stress around faults and fractures determined from borehole breakouts in hole B of the Taiwan Chelungpu-fault Drilling Project. Tectonophysics，482：82～91.

Ma K-F，Chan C-H，Stein R S. 2005. Response of seismicity to coulomb stress triggers and shadows of 1999 $M_w$ =7. 6 Chi-Chi，Taiwan，earthquake. Journal of Geophysical Research，110：B05S19.

McGarr A，Zoback M D，Hanks T C. 1982. Implications of an elastic analysis of in site stress measurements near the San Andreas Fault. Journal of Geophysical Research，87(B9)：7797～7806.

Mizoguchi K. 2007. Reconstruction of seismic faulting by high-velocity friction experiments：An example of the 1995 Kobe earthquake. Geophysical Research Letter，34：L01308.

Morrow C A，Moore D E，Lockner D A. 2000. The effect of mineral bond strength an absorbed water on fault gouge frictional strength. Geophysical Research Letter，27：815～819.

Mount V S，Suppe J. 1992. Present-Day stress orientations adjacent to active strike-slip faults：California and Sumatra. Journal of Geophysical Research，97(B8)：11995～12013.

Provost A-S，Houston H. 2001. Orientation of the stress field surrounding the creeping section of the San Andreas Fault：evidence for a narrow mechanically weak fault zone. Journal of Geophysical Research，106：11373～11386.

Ratchkovski N A. 2003. Change in stress directions along the central Denali fault，Alaska after the 2002 earthquake sequence. Geophysical Research Letter，30(19)：2017.

Rice J R. 1992. Fault stress states，pore pressure distributions，and the weakness of the San Andreas fault，In Earthquake Mechanics and Transport Properties of Rocks(eds. Evans B，Wang T F)(Academic Press，London)：475～503.

Scholz C H. 2000. Evidence for a strong San Andreas Fault. Geology，28(2)：163～166.

Stein R S. 1999. The role of stress transfer in earthquake occurrence. Nature，402：605～609.

Tadokoro K. 2001. Seismicity changes related to a water injection experiment in the Nojima Fault Zone. Island Arc. ，10：235～243.

Townend J，Zoback M D. 2000. How fault keeps the crust strong. Geology，28(5)：399～402.

Townend J，Zoback M D. 2004. Regional tectonic stress near the San Andreas Fault in central and southern California. Geophysical Research Letter，31，L15S11.

Townend J. 2006. What do faults Feel? Observational constraints on the stresses acting on seismogenic faults. Geophysical monograph，170：313～327.

Tsutsumi A，Shimamoto T. 1997. High-velocity frictional properties of gabbro. Geophysical Research Letters，24：699～702.

Tsutsumi A，Fabbri O，Karpoff A M et al. 2011. Friction velocity dependence of clay-rich fault material along a megasplay fault in the Nankai subduction zone at intermediate to high velocities. Geophysical Research Letter，38：L19301.

Wesson R L，Boyd O S. 2007. Stress before and after the 2002 Denali fault earthquake. Geophysical Research Letter，34：L07303.

Wibberly C A. J，Shimamoto T. 2005. Earthquake slip weakening and asperities explained by thermal pressurization. Nature，436：689～692.

Yale，D. P. 2003. Fault and stress magnitude controls on variations in the orientation in situ stress fracture and in-situ stress characterization of hydrocarbon reservoirs. Geol. Soc. Spec. Publ. ，209：55～64.

Yamashita F，Fukuyama E，Omura K. 2004. Estimation of fault strength：reconstruction of stress before the 1995 Kobe earthquake. Science，306(8)：261～263.

Zoback M D，Healy J H. 1992. In situ stress measurements to 3. 5km depth in the Cajon Pass Scientific Research Borehole：implications for the mechanics of crustal faulting. Journal of Geophysical Research，97(B4)：5039~5057.

Zoback M L. 1989. State of stress and modern deformation of the Northern Basin and Range Province. Journal of Geophysical Research，94：7105~7128.

Zoback M D，Tsukahara H，Hickman S. 1980. Stress measurements at depth in the vicinity of the San Andreas Fault：implications for the magnitude of shear stress at depth. Journal of Geophysical Research，85(B11)：6157~6173.

Zoback M D. 2000. Earth Science：strength of the San Andreas. Nature，405：31~32.

Zoback M D，Healy J H. Friction，1984. faulting and in situ stress. Ann Geophys，2：689~698.

Zoback M L. 1992. First-and second-order patterns of stress in the lithosphere：the world stress map project. Journal of Geophysical Research，97(B8)：11703~11728.

# Exploration of the correlation between regional stress state and fault strength

## Song Chengke　　Wang Chenghu

(Institute of Crustal Dynamics，CEA，Beijing 100085，China)

Understanding the stress state in the vicinity of a fault is extremely important for the research of fault strength. Based on the previous studies and rock friction experiment data, the relationship between the fault strength and the stress state of fault zone as well as the fault friction coefficient is analyzed. We conclude that the stress orientation in most active intraplate fault zones promotes the reactivation of faults and the friction coefficients are in the Byerlee range. By analyzing the stress data from several seismogenic faults, two modes of the relationship between the stress state at shallow and deep parts of faults were proposed and the friction properties at focal areas were clarified. Mode 1, both shallow and deep stresses are in the ultimate state. The friction coefficients were in the Byerlee range. In this case, the friction coefficient becomes lower when earthquake occurs. Model 2, the stress in shallow part is in the ultimate state and the friction coefficient is in Byerlee range. However, the stress in deep part is not in ultimate state and the friction coefficient is lower than the Byerlee range. In this case, the friction coefficient stays in a low level during the earthquake occurring. These results have referential significance to determine relationship between fault activity, stress state and fault strength.

# 四川雀儿山错坝断裂活动特征

## 孙昌斌　江娃利　杜　义

(中国地震局地壳应力研究所(地壳动力学重点实验室)　北京　100085)

**摘　要**　错坝断裂走向 NW50°、长约 26km、展布在川藏交界海拔 4000m 以上高山，属于甘孜-玉树断裂带的一条分支断裂。研究错坝断裂活动特征有助于了解甘孜-玉树断裂带东南段南西侧分支断裂的活动性。错坝断裂的断错地貌现象丰富，有基岩断崖、断层沟、坡中谷、冲沟水平扭曲。这些现象分布在拔河高度上百米的山体。实测 17 个地层热释光测年样品，其中 7 个样品断错了距今 18～51ka 地层，其余 10 个样品为地貌面地层年代样品。结合地层测年及地貌面分析，厘定错坝断裂的最新活动时代为距今 18～16ka 之间，属于晚更新世晚期活动断裂。错坝断裂晚更新世晚期的左旋走滑活动速率约为 1.4mm/a，垂直活动速率约为 0.3～0.7mm/a。该断裂在晚更新世时期至少有过 3 次活动。

# 一、前　言

雀儿山山脉地处青藏高原东部的川西高原，行政区域属于川藏交界四川省德格县境内，山脉海拔高度 4000m 以上，有现代冰川分布。本文作者从卫星影像(图 1)和航空照片发现一条斜穿雀儿山山脉、走向为 NW50°、长约 26km 的错坝断裂。经实地调查研究核

图 1　错坝断裂卫星影像(箭头指处为断层)

实，该断裂与其南东侧的安巴多拉断裂及错通沟-野麻沟断裂同属甘孜-玉树断裂带南西侧的一条分支断裂，即达朗松沟断裂带(图2)。2010年玉树7.1级地震的发震断裂为甘孜-玉树断裂带中段(结隆西北-玉树段)。错坝断裂位于甘孜-玉树断裂带东南段(玉树-甘孜段)的南西侧。因此，研究错坝断裂活动特征有助于了解甘孜-玉树断裂带东南段南西侧分支断裂的活动性。

孙昌斌等(2006)应用甚低频电磁法对错坝断裂的展布及其破碎带的宽度进行过研究。因高山区分布的第四系以冰碛及崩坡积为主，该地区的断裂活动时代研究面临着采集测年样品、确定活动年代的困难。因此，本文通过综合地震地质调查、第四系地层年代的测定以及探槽开挖等手段，对错坝断裂活动性进行了初步研究。

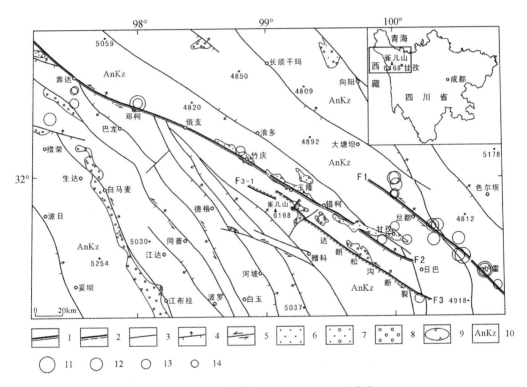

图 2　错坝断裂的区域位置与地震震中分布

1. 全新世活动断裂；2. 晚更新世活动断裂；3. 早、中更新世断裂；4. 逆断层；5. 走滑断层；6. 第四系；7. 上第三系；8. 下第三系；9. 盆地边界；10. 前新生代基岩；11. 震中 $M=7.0\sim7.9$；12. 震中 $M=6.0\sim$ 6.9；13. 震中 $M=5.0\sim5.9$；14. 震中 $M=4.7\sim4.9$；主要断裂名称：F1 鲜水河断裂；F2 甘孜-玉树断裂；F3 达朗松沟断裂；F3-1 错坝断裂

# 二、断错地层年代

错坝断裂展布在4000m以上高山区(图3)，其东端起自属于雅砻江水系的朝曲河谷的

支流错柯河谷，向西于海拔 5050m 公路垭口处穿越雀儿山后，进入金沙江水系色曲河谷上游。错坝断裂的断错地形表现为基岩断崖、断层沟、坡中谷、冲沟水平扭曲或断头、断尾沟等现象，在断裂东部及中部的断面上可见到近水平方向的擦痕。

本文确定断层活动时代采用了地层热释光测年方法（陈文寄等，1991；邓起东，1991；计风桔等，1999；卢演俦，1994）。为获取错坝断裂的活动时代，本项研究在错坝断裂上开挖了 3 个探槽（图 3），沿断层展布的相邻地貌部位实测了 17 个热释光测年样品（图 3）。这些测年样品分为两类。一类为断错地层年代样品，有 7 个样品；另一类为未被断错的含有地貌年代含义的地层样品，有 10 个样品（表 1）。

**表 1　错坝断裂及周边地层样品热释光测年结果及构造含义**

| 序号 | 样品编号 | 取样地点 | 测年结果/ka BP | 地貌或构造含义 |
|------|----------|----------|----------------|----------------|
| 1 | TL-1 | 隆章热沟冰碛堤 | 69.68±5.92 | 晚更新世冰碛物 |
| 2 | TL-2 | 隆章热沟东侧张福林烈士墓北东冲积锥上部 | 40.82±3.47 | 断层盖样 |
| 3 | TL-3 | 隆章热沟东侧张福林烈士墓北东冲积锥下部 | 57.33±4.87 | 断层盖样 |
| 4 | TL-4 | 色曲河谷多朗隆沟冰碛堤下部 | 46.17±3.92 | 晚更新世冰碛物 |
| 5 | TL-5 | 色曲河谷多朗隆沟冰碛堤上部 | 32.41±2.76 | 晚更新世冰碛物 |
| 6 | TL-6 | 六道班温泉西 3 号探槽 | 35.98±3.06 | 断错地层年代 |
| 7 | TL-7 | 六道班温泉西 3 号探槽 | 18.97±1.61 | 断错地层年代 |
| 8 | TL-8 | 雀儿山错柯沟西侧 1 号探槽 | 39.37±3.35 | 断错地层年代 |
| 9 | TL-9 | 雀儿山错柯沟西侧 2 号探槽 | 51.86±4.41 | 断错地层年代 |
| 10 | TL-10 | 色曲河门查寺 $T_1$ 阶地 | 19.19±1.63 | 冲沟中低阶地年代 |
| 11 | TL-11 | 色曲河门查寺 $T_1$ 阶地之上冲积锥 | 16.85±1.42 | 冲沟中低地貌面年代 |
| 12 | TL-12 | 雀儿山错柯沟西侧冲积锥 $ac_1$ | 27.31±2.32 | 断层走滑活动断错年代 |
| 13 | TL-13 | 雀儿山错柯沟西侧冲积锥 $ac_2$ | 23.74±2.02 | 断层走滑活动断错年代 |
| 14 | TL-14 | 雀儿山错柯沟西侧冲积锥 $ac_3$ | 17.55±1.49 | 断层走滑活动断错年代 |
| 15 | TL-15 | 雀儿山错柯沟西侧冲积锥 $ac_0$ | 5.25±0.47 | 断层盖层年代 |
| 16 | TL-16 | 二道班洪积扇前缘 | 14.71±1.25 | 冲沟低地貌面年代 |
| 17 | TL-17 | 朝曲河马尼干戈西北海子口洪积扇 | 15.96±1.35 | 冲沟低地貌面年代 |

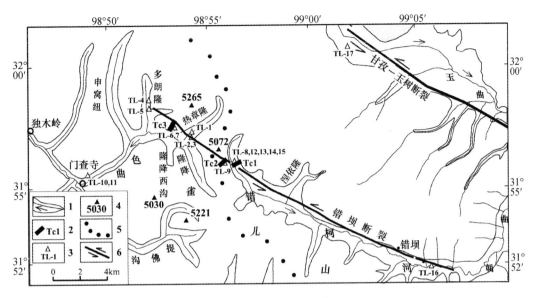

图 3　错坝断裂平面展布

1. 第四系及河流流向；2. 探槽位置及其编号；3. 热释光取样位置及样品编号；4. 山峰及海拔；

5. 分水岭；6. 断裂

在错坝断裂断错地层的 7 个样品中，有 4 个样品来自开挖的 3 个探槽。这 3 个探槽分别在错坝断裂的坡中谷、断层沟及断层陡崖的一侧开挖，揭露的探槽剖面均是一侧出露基岩断面，另一侧为大小混杂冰碛物（图 4）。

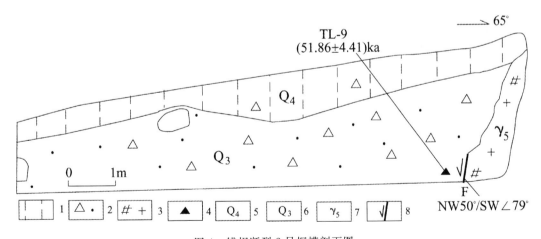

图 4　错坝断裂 2 号探槽剖面图

1. 含角砾的腐植土，砾石直径大者 10cm；2. 冰水砂砾石堆积，砾径大者 50cm；

3. 花岗岩破碎带；4. 热释光取样点；5. 全新统；6. 上更新统；7. 花岗岩；8. 断层

# 三、地貌面年代分析

在错坝断裂 26km 展布的范围内,朝曲河支流错柯河及色曲河上游隆章热河将错坝断裂分为西部、中部及东部 3 段。在这 3 段中,错坝断裂展布在海拔 4000m 以上高山,而在错柯河谷及隆章热河谷相对较低的河流侵蚀地貌部位,未见到错坝断裂的地表形迹。为此,对错柯沟及色曲河上游低地貌面的年代进行分析,有助于厘定错坝断裂的最新活动时代。

本项研究实测了 10 个地貌面样品热释光测年。若包括上述错柯沟西侧断层附近小冲积锥的近地表的 3 个样品,共有 13 个样品。在这些样品中,1 个样品取自组成色曲河上游隆章热沟沟底冰碛堤中的细粒物质(TL-1),测年结果距今(69.68±5.92)ka;该测年值只是地层的年代,并不代表地貌面的年代,其地貌面的年代要远远新于这个年代。另有 4 个样品来自一级阶地及阶地之上冲积锥,其中色曲河 $T_1$ 阶地样品(TL-10)的测年结果距今(19.19±1.63)ka,在该阶地之上冲积锥 TL-11 样品测年结果距今(16.85±1.42)ka;错柯河二道班 $T_1$ 阶地中的 TL-16 样品测年结果距今(14.71±1.25)ka,朝曲河上游海子口洪积扇断错陡坎地层中 TL-17 样品测年结果距今(15.96±1.35)ka。这 4 个样品的年代较接近,有可能大体反映了雀儿山两侧河谷的 $T_1$ 阶地面及其上覆冲积锥地层的年代,其均值为(16.853±2.838)ka。此外,在来自冲积锥的 6 个样品中,2 个样品来自隆章热沟东侧的小冲积锥(TL-2,TL-3),其热释光测年结果分别距今(40.82±3.47)ka 和(57.33±4.87)ka;另 4 个来自错柯沟西侧,自北而南,其测年结果分别距今(17.55±1.49)ka、(23.74±2.02)ka、(27.31±2.32)ka 及(5.25±0.47)ka。前述的 5 个样品的测年结果明显较前述 $T_1$ 阶地的地层年代偏老。其原因与当地陡峻的坡面、短距离搬运的物源及崩积为主的堆积有密切关系,造成测年样品中的石英颗粒未充分曝光,其所测的年代并不代表充分曝光后地层被掩埋的年代。这几个冲积锥表层的地层年代,应被理解为是断错发生以后沿被断错的断尾沟冲下的地层(图5)。而冲积锥的底部,有可能保存断错时期以前的地层,也有可能断错以前的冲沟地层未被保存,已被冲沟冲刷,综合分析,后者可能性更大。除上述以外,另有 2 个来自多朗隆沟沟头附近冰碛物的样品(TL-4,TL-5),其分布部位较高,约海拔 4000m,测年结果分别距今(46.17±3.92)ka、(32.41±2.76)ka。

综合上述测年结果可见,区内宽缓沟谷内分布的侧碛堤及终碛堤为晚更新世冰碛物;区内错柯河、隆章热沟谷两侧 $T_1$ 阶地的年代大体同期,可能为全新世早期,这些宽缓冲沟边坡局部分布的小型冲积锥的形成时代应晚一些,上面已述其测年结果并不代表该地貌面的年代。因为错坝断裂在错柯河谷及隆章热河谷未保留断错地形,为此错坝断裂的最新活动时代应被厘定在错柯河谷及色曲河谷上游 $T_1$ 阶地顶面的地层时代以前。由此得到错坝断裂的最新活动时代为 3 号探槽断错的最新地层年代(TL-2)与错柯河及色曲河 $T_1$ 阶地的平均值年代之间,即距今(18.97±1.61)ka～(16.853±2.838)ka 之间。为此,错坝断裂属于晚更新世晚期活动的断裂。

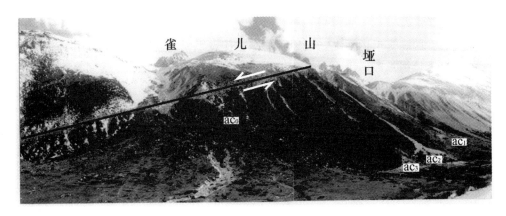

图 5　错坝断裂断错地貌（$ac_0 \sim ac_3$ 为冲积锥，镜向 SW）

错坝断裂在全新世垂直活动不明显也得到断裂走滑活动的佐证。在错柯沟东侧涅依隆沟沟口两侧，除出现基岩断层陡坎外，涅依隆沟还出现左旋扭曲，扭距约 100m。从 1 : 5 万地形图可看出涅依隆沟西侧的央格托沟存在几十米的左旋扭曲；而涅依隆沟东侧一些较小冲沟的左旋扭曲不明显。这表明形成时间较早的涅依隆沟显示了错坝断裂的左旋走滑位错，而一些较小冲沟的左旋扭曲不明显与这些冲沟的形成历史较晚有关。这些规模较小的冲沟，有可能与错柯河谷最新地貌面匹配，形成于全新世。

# 四、错坝断裂活动特征

确定错坝断裂的活动速率，其难点是无法获取与冲沟左旋扭曲量相匹配的同期地层的年代。如果断层的走滑活动与断裂坡中谷形成的时代接近，坡中谷中底部的堆积物的年代有可能接近断错地形形成的初始年代。本项研究中探槽开挖显示坡中谷及断层沟地表以下 $2 \sim 4m$ 混杂堆积的年代为参照本区冰碛物测定的最老年代，为位于隆章热沟的冰碛物，距今 69ka。如果以此作为错坝断裂百米位移量的活动时代，由此得到错坝断裂晚更新世中、晚期的左旋走滑活动速率为 1.4mm/a。

有关错坝断裂的倾滑位移，有实测断层陡坎高度数据的地表观察点分别位于错坝断裂东段央格托沟东侧及错坝断裂西段六道班温泉以西，陡坎高度为 22.7m 及大于 50m。其中，央格托沟东侧的陡坎高度为地表两条陡坎高度之和。因陡坎下降盘有碎石堆积，该地表陡坎高度小于断层的实际垂直位移。在断层陡坎的活动年代方面，仍取距今 69ka 为该断层陡坎的形成年代，得到断裂的最小垂直位移的活动速率为 0.3 ~ 0.7mm/a。

由于错坝断裂展布在雀儿山高山区，风化、崩积及侵蚀作用十分强烈，在其他地域研究活动断裂古地震活动期次时经常采用的识别探槽中崩积楔的方法，在此无法应用。

但错坝断裂的地表断错现象已经显示出断裂的多期活动。近水平的擦痕反映了纯走滑的活动，而基岩断坎的存在显示了断层北东盘抬升的倾滑活动。从断面上走滑擦痕未受到倾滑活动的影响分析，应是伴有倾向滑动的断层活动在先，纯走滑活动在后。在四道班南面错柯沟西侧错坝断裂形成的坡中谷见到的断面上的水平擦痕，与上面所述现象相同。即水平擦痕代表一次纯走滑的活动，坡中谷的存在代表了断面东盘上升的倾滑活动。

　　此外，央格托沟东侧两个平行分布的断层陡坎，从断层陡坎保留的完整程度来看，其形成时代不同。下面陡坎的断面平整，保存相对完好，其形成时代相对较新；上面陡坎的连续性及断面的完整性不如下面陡坎，其形成时代相对来说较早。六道班温泉西侧的断层陡坎也存在同样的现象，南西侧陡坎断面保存较好。这些断层陡坎均能在地貌上留下痕迹，说明其活动时代均是第四纪晚期。由此，错坝断裂至少在第四纪晚期显示了 3 次活动。

　　综上所述，错坝断裂是以左旋走滑活动为主、兼具逆冲的晚更新世中、晚期活动的断裂。该断裂在全新世活动与否，由于测年样品搬运距离较短，曝光不充分，测年时代不十分准确而难以确定。可以肯定的是该地区在全新世的活动主要应在错坝断裂北东侧、相距15km 的甘孜-玉树活动断裂带上(闻学泽等，2003)。

# 五、结　　论

　　综合前述有关错坝断裂的活动特征，得到以下几点主要认识：

　　(1)依据地层热释光测年及断错地貌综合分析，错坝断裂的最新活动时代为晚更新世晚期。

　　(2)依据冲沟的左旋扭错、断层陡崖的高度，获得错坝断裂晚更新世晚期的左旋走滑活动速率约为 1.4mm/a，垂直活动速率约为 0.3~0.7mm/a。

　　(3)根据错坝断裂不同时期形成的断崖及断面上的水平擦痕，判断错坝断裂在晚更新世时期至少有过 3 次活动。

## 参 考 文 献

陈文寄，彭贵主编.1991.年轻地质体的年代测定.北京：地震出版社.

邓起东.1991.活动断裂研究的进展和方向，见：活动断裂研究编委会编，活动断裂研究(1)，北京：地震出版社.

计凤桔，郑公望，李建平.1999.热释光技术应用的新进展，见：陈文寄、计凤桔、王非主编，年轻地质体的年代测定(续)，北京：地震出版社.

卢演俦.1994.活动构造测年方法和年代学研究的现状与问题，见：国家地震局地质研究所编，现今地球动力学研究及其应用，北京：地震出版社.

孙昌斌，谢新生.2006.甚低频电磁法在四川雀儿山错坝活动断裂研究中的应用.地壳构造与地壳应力文集(18)，北京：地震出版社.

闻学泽，徐锡伟，郑荣章等.2003.甘孜-玉树断裂的平均滑动速率与近代大地震破裂.中国科学 D 辑，33 (Z1)：199~208.

# Activity characteristics of the Cuoba fault in Queershan, Sichuan province

## Sun Changbin    Jiang Wali    Du Yi

(Key Laboratory of Crustal Dynamics, Institute of Crustal Dynamics, CEA, Beijing 100085, China)

Cuoba fault is about 26km long with a strike of NW50°, and crosses the high mountains above altitudes 4000 meters in the boundary between Sichuan and Tibet. It belongs to a branch fracture of Ganzi-Yushu fault zone. Study on activity characteristics of Cuoba fault can help to understand the activity of the branch fracture which is located in the southwest side of the southeastern segment of Ganzi-Yushu fault zone. Dislocated landform phenomena of Cuoba fault are abundant, such as bedrock scarps, fault groove, valley in slope and horizontal contortion of gullies, etc. These phenomena are distributed among the mountains hundreds of meters above river level. The 7 out of 17 strata TL dating samples represent the age of the dislocated strata, which is about 18~51ka BP. The rest 10 samples are the dating samples of the morphologic surfaces layer. Combining strata dating and the analysis of the morphologic surfaces, the latest activity time of Cuoba fault is 18~16ka BP, and it is an active fault with sinistral strike-slip rate of about 1.4mm/a and vertical activity rate of about 0.3~0.7mm/a in later period of late Pleistocene. Cuoba fault had at least three events in the late Pleistocene period.

# 山西临汾盆地洪积扇上全新世黄土-古土壤序列发育特征

许建红　　谢新生

（中国地震局地壳应力研究所　北京　100085）

**摘　要**　薛村黄土剖面位于山西临汾盆地西缘山前冲洪积扇上，剖面自上而下具浊黄色亚砂土＋灰黑色垆土(含大量古文化陶片、灰坑)＋红褐色古土壤＋黄白色亚砂土的分层特征。通过区域地层、全新世气候特征及土壤发育过程对比，同时根据 $^{14}C$ 和光释光测年的限定，确定了剖面地层的年代序列。分析表明：剖面中 $S_0$ 由上、下两段界限明显的土层复合而成，上段为灰黑色垆土层，下段为红褐色古土壤，与前人所说的"塿土"非常接近；全新世大的气候旋回控制了黄土-古土壤序列的发育，而且 $S_0$ 成壤过程受大暖期气候的控制，全新世黄土层中出现 3 条厚度不等的黑垆土带，说明干冷气候背景下小的暖湿波动；冲洪积扇上的黄土多形成于晚更新世以来，分布格局与我国黄土的整体分布形势相一致。

## 一、引　言

全新世的气候变化为当前关注的热点，对预测全球变化和资源、环境的可持续发展，具有重要的实际和理论意义(唐克丽等，2004)，全新世黄土-古土壤序列是揭示全新世气候变化的一把钥匙。

关于临汾盆地的黄土，前人(桑志华等，1927；王挺梅等，1962；刘东生等，1964；王克鲁等，1997)在从事区域地质、水土保持、工程地质工作时，曾进行过许多研究。黄土高原地区全新世黄土-古土壤序列的研究主要见于河谷盆地的冲积阶地和黄土台塬(刘东生等，1985)，而对洪积扇上黄土-古土壤序列的研究却极少(莫多闻等，2000；杨前进等，2004)。

王克鲁等(1997)在研究山西洪洞王绪剖面时，发现以第 1 层古土壤层为界，其上、下孢子花粉、颗粒成分、磁化率等均存在一定差异，这种差异暗示在此古土壤层以上，可能存在全新世时代的黄土，但由于当时缺少年龄数据，没有把它从马兰黄土中单独区分出来。杨前进等(2004)在山西襄汾县城东北约 7.5km，汾河东岸，塔尔山西麓的东坡沟，根据古土壤层($S_0$)上部地层中所含的陶寺晚期文化的陶片、火烧土、木炭屑和沙砾等人类活动的遗迹，确定剖面中该层年代为 4100～3850a B. P. 。

作者在断裂带填图野外地质调查中偶遇的薛村剖面，由浊黄色亚砂土＋灰黑色垆土(含大量古文化陶片、灰坑)＋红褐色古土壤＋黄白色亚砂土组成，具有分层的特征，显示了其可作为全新世黄土剖面来研究的价值。

# 二、地质地貌背景

临汾盆地是山西断陷带内一系列新生代断陷盆地之一，盆地西侧为吕梁山。基岩山体的多次间歇式抬升，受剥蚀形成夷平面；强烈侵蚀形成规模不等的深切沟谷，沟谷内发育多级河流阶地（孙昌斌等，2011）。断裂带的多期活动，使得罗云山山麓普遍发育三级洪积台地（王挺梅等，1993）。盆地的持续断陷并接受沉积，使得盆地西边发育广袤的洪积倾斜平原。盆地的中部，受汾河的影响，形成了广阔而平坦的冲积平原。

盆地内广泛分布有上新统至全新统湖积、坡积、洪积、冲积等类型沉积。除此之外，山麓地带、土门以北及尉村附近，还广泛分布有不同时代的黄土（图1(a)）。

薛村剖面（图1(b)）位于临汾盆地西缘，在临汾市南西约18.0km襄陵镇薛村村西北山前洪积扇体上侵蚀冲沟的南西壁（图1(c)），冲沟经人工改造有所加深。罗云山山前断裂在此沿$T_2$、$T_3$台地陡坎前缘通过，剖面所在的侵蚀冲沟，大体垂直断裂走向，位于冲沟沟口北东侧的$T_2$台地陡坎坡角处（图1(d)）。

# 三、剖面分层、描述及断代

黄土高原具有生物气候地带性的分异规律，不同的区域表现为不同的土壤类型，自南而北，全新世剖面中部普遍存在一层或多层古土壤（$S_0$），中部和西北部高原面上形成黑垆土，黄土高原东南边缘河谷盆地形成褐土（黄春长等，2000），$S_0$应分别以黑垆土与"墣土"表示（唐克丽等，2004），因为"墣土"这种土壤剖面是由若干土层和多种特性重迭、复合而成，外形类似多层楼房（朱显谟，1964）。

唐克丽等（2004）通过对现代耕种土壤的研究，指出"墣土"是在褐土型土壤基础上经长期耕种施加土粪而形成的古老耕种土壤，其土壤剖面特点是由上、下两段界限明显的土层复合而成，上段主要为古人类活动的耕作层，下段为褐土型土壤。

剖面（图1b）中层⑧为红褐色古土壤，向洪积扇下游方向缓缓倾斜，厚度均匀；层⑦整合覆盖于其上，厚度也较为均匀，与层⑧的倾斜方向和角度相同，在其上部含有大量的陶寺晚期文化的绳纹陶片、火烧土和木炭屑，显示该时期有人类活动；之上的地层向洪积扇下游方向逐渐增厚，与层⑦形成角度不整合接触，这与层⑧和层⑦的接触关系形成鲜明对比；可以推断层⑧和层⑦应是连续堆积，根据层⑨与层⑧的测年结果推断，层⑧和层⑦应形成于全新世中早期，与上述所说的"墣土（$S_0$）"较为相似（表1）。

发育程度低于$S_0$的古土壤及复合古土壤的组成单位虽不宜作为独立地层单位，但代表了独立而重要的气候事件（郭正堂等，1996），在大的气候旋回内也存在一些小的波动，如层⑤、层④和层②可能就代表了晚全新世以来短暂的暖湿气候。

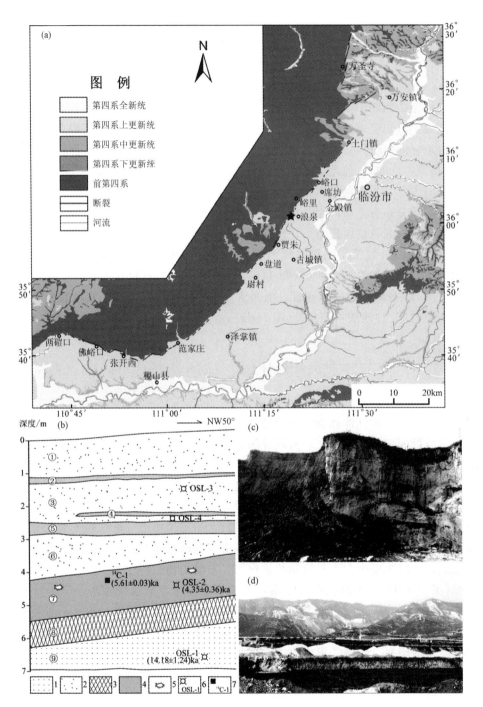

图1 研究区的地质地貌

(a)罗云山山前断裂带构造地质图(黑色星号为剖面所在的位置)。(b)黄土-古土壤序列剖面图:1. 马兰黄土;2. 全新世黄土;3. 古土壤;4. 黑垆土;5. 陶寺晚期文化遗迹;6. 光释光取样点;7. $^{14}$C 取样点。(c)全新世黄土-古土壤序列剖面景观(镜向SW)。(d)剖面所在处的局部地貌景观(镜向NW):箭头为剖面位置;断层从台地前缘通过;$T_2$ 为晚更新世洪积台地;$T_3$ 为中更新世基座台地

($^{14}$C 测年由美国 BETA$^{14}$C 实验室完成;光释光由中国地震局地壳应力研究所年代实验室完成)

**表1　山西襄陵薛村(XC)全新世黄土-古土壤地层描述**

| 深度(m)/层号 | 地层及符号 | 岩性特征 | 推测年代(ka) |
|---|---|---|---|
| 0～1.2/① | 表土层 | 浊黄色亚砂土，含零星碎石，现代植物根系发育，大量生物孔穴 | |
| 1.2～1.4/② | 炉土层 | 浅灰黑色炉土，弱成壤层 | 0～3.0 |
| 1.4～2.5/③ | 黄土层 | 浅黄色亚砂土，夹弱成壤层④ | |
| 2.5～2.8/⑤ | 炉土层 | 浅灰黑色炉土，弱成壤层 | |
| 2.8～4.3/⑥ | 黄土层 | 浅黄色亚砂土 | |
| 4.3～5.8/⑦<br>5.8～6.3/⑧ | 壤土($S_0$) | 壤土，与上覆地层角度不整合接触。根据颜色、结构和物质组成可为上下两层，界线清晰：<br>4.3～5.8m，灰黑色炉土，团块结构，少量白色菌丝；主要在该层的上部含有大量的陶寺晚期文化的绳纹陶片、灰烬、火烧土块等，陶片棱角分明，推测为原地堆积；其中部光释光测年距今(4.35±0.36)ka；中上部炉土 $^{14}$C 测年距今(5.61±0.03)ka；<br>5.8～6.3m，红褐色古土壤，亚黏土，团块结构发育，坚硬，含较多白色菌丝体 | 3.0～8.5 |
| 3.0～8.5<br>6.3～/⑨ | 马兰黄土($L_1$) | 黄白色亚砂土，疏松、均质，手搓有细腻感，未见底，洛阳铲下探4.0m遇砾石层；顶部黄土有胶结，团块结构，可能为过渡层黄土，但其母层仍是下接的马兰黄土；过渡层之下松散马兰黄土的光释光测年距今(14.18±1.24)ka | ＞8.5 |

　　根据前人的研究(刘东生等，1964，1985；竺可桢，1973；施雅风等，1992；刘嘉骐等，2001)，自全新世以来大致经历了早全新世冰川消融变暖期(10000～8500a BP)、全新世温湿大暖期(8500～3000a BP)及晚全新世变冷干期(3000a BP至今)。其中8500～7200a BP为不稳定的暖、冷波动阶段，伴随着降水增加和植被带的北迁西移，新石器文化迅速发展；4000a BP左右为一多灾难的时期，在敦德冰芯 $\delta^{18}$O 记录曲线中出现较宽浅的冷谷，对甘肃齐家文化遗址的研究表明气温和降水突然下降，农业区北界南移了1个纬度(施雅风等，1992)。

　　早全新世气候转暖阶段，由干旱向半干旱过渡。成壤过程开始大于沉积过程，已形成与黄土沉积物($L_1$)有分界的土壤剖面(唐克丽等，2004)。研究区剖面中 $S_0$ 的下部5.8～6.3m为红褐色古土壤，亚黏土团块结构发育、坚硬、含较多白色菌丝体，与下覆的马兰黄土顶部的过渡层黄土界线清晰。

　　气候由半干旱向半湿润、湿润过渡，成壤过程明显大于沉积过程，土壤可溶盐淋溶明显，出现钙积层，土壤类型为黑炉土(唐克丽等，2004)。研究区剖面中 $S_0$ 上部4.3～5.8m为灰黑色炉土、团块结构、少量白色菌丝，因在该层的上部含大量陶寺晚期文化的陶片、火烧土、木炭屑和沙砾，陶片棱角分明，判断应为原地堆积，显示该时期在此处有明显的人类活动。山西襄汾陶寺文化的延续时间为 2500～1900a B.C(孙英民等，2002)，即约为 4500～3900a B.P，出现落叶阔叶和常绿针叶(主要为松)树种组成的混交林(施雅风等，1992)。在该层中上部所取[14]C 的测年结果为(5610±30)a B.P；中部所取光释光测年结果为(4350±360)a B.P。

根据以上分析及全新世气候变化现有的研究成果，$S_0$ 的成壤过程受大暖期气候的控制，其时代就大体在 8500～3000a BP 间(表1)。

层⑦之上的地层表明晚全新世以来气候干冷，以黄土沉积为主，期间有过 2～3 次短暂的暖湿气候，形成厚度较薄、成壤较弱的层⑤、层④和层②浅灰黑色垆土层。因此，层⑦之上的地层当属于晚全新统沉积物(表1)。

这样就基本可以推测地层的年代序列(表1)，但其准确的年代仍需样品测年来支持。

# 四、讨　论

通过对薛村剖面(XC)地层特征分析，并结合黄土-古土壤、土壤发育过程及全新世气候变化现有的研究成果，对剖面的地层年代、黄土-古土壤序列的发育特征及全新世的气候变化过程进行了粗浅的分析，认为薛村剖面具有以下几点研究意义：

(1)剖面中 $S_0$ 古土壤的特征。

剖面中 $S_0$ 由上、下两段界限明显的土层复合而成，上段为灰黑色垆土层，下段为红褐色古土壤；$S_0$ 与上下地层的界线清晰，尤其是下覆的过渡层黄土；上下两层均为团块结构，下层较上层略致密；$S_0$ 下段的红褐色古土壤厚度稳定，与上下地层的界线非常清晰。

根据唐克丽等(2004)的研究，$S_0$ 下段属于土壤发生过程的第二阶段的产物，早全新世气候转暖阶段，由干旱向半干旱过渡，成壤过程开始大于沉积过程，从而形成与黄土沉积物($L_1$)有分界的土壤剖面；$S_0$ 上段则属于土壤发生过程的第三、四阶段的产物，气候由半干旱向半湿润、湿润过渡，成壤过程明显大于沉积过程，土壤可溶盐淋溶明显，出现钙积层，土壤类型为黑垆土。

施雅风等(1992)总结了中国全新世大暖期的气候变化，认为 6～5ka BP 是气候波动强烈、环境条件较差的阶段，出现强降温事件，影响文化发展。这一期的气候恶化未在剖面中显现出来，可能与洪积扇的汇水效应有关，掩盖了气候的湿度变化(杨前进等，2004)。

(2)全新世气候变化的普遍性。

一定的环境状况形成一定的土壤类型。环境状况包括气候、植被、地貌和人类活动等诸因素。对于剖面而言，大的气候旋回控制了黄土-古土壤序列的发育，而且大暖期气候控制了 $S_0$ 的成壤过程，而地貌对黄土、古土壤的形成也有所影响。

全新世黄土-古土壤序列组合基本一致，表现为同向和同步的变化特征，从下向上均表现为：马兰黄土、过渡层、古土壤层、全新世黄土层和表土层(杨前进等，2004；李燕华等，2011)，表明全新世时期区域上具有相同的气候旋回变化。

不过在大的冷、暖分段基础上，仍有若干暖湿和冷干交替的小波动，全新世黄土层中出现 3 条厚度不等的黑垆土带，即说明了气候的波动（唐克丽等，2004）。

　　（3）冲洪积扇上黄土的形成。

　　在文中讨论的剖面所在冲沟内，曾用洛阳铲下探，均为马兰黄土，地表以下约 4.0m 遇砾石层，此砾石层应是 $T_2$ 阶地的地貌面。根据 $T_2$ 阶地形成于晚更新世且砾石层之上均为马兰黄土，说明冲洪积扇上的黄土主要形成于晚更新世以来。分布格局与我国黄土的整体分布形势相一致，应是冰后期气候转暖一定时期后，河流的砾石碎屑来源减少、侵蚀能力增加、冲积扇处于堆积期后的发育停滞甚至侵蚀时期，大面积的黄土在其可沉积的洪积扇上沉积并保存下来（莫多闻等，1999）。

# 五、存在问题

　　全新世黄土-古土壤序列的研究是揭示全新世气候变化的一种重要方法，然而由于地层断代数据稀少、测试方法上的不足及认识水平有限都制约了对这一剖面更进一步的研究：

　　（1）本文通过区域地层对比解决地层的断代问题，而且剖面中 $^{14}C$ 的测年结果及古文化遗迹的存在对地层断代起到了很好的限定作用。合理的推断是解决这一问题的关键，也是科研必备的一项能力，当然断代仍需要最终测年结果的检验。

　　（2）我们在断裂带填图过程中偶遇的这一剖面，并没有对其做进一步的研究，如：尚缺少磁化率、孢粉等的分析，只是想对全新世气候变化这一问题提供一点点线索，起到抛砖引玉的作用。

　　（3）文中层⑧和层⑦无疑是对"墚土"这一概念的有力佐证，但对"墚土"的成因、分布地理范围以及反映的气候变化都需做进一步的研究。

　　（4）关于洪积扇黄土-古土壤序列的研究一直较少，若开展地貌因子对土壤形成的研究，也许对全新世气候变化的了解会有所深入。

**参 考 文 献**

郭正堂，丁仲礼，刘东生．1996．黄土中的沉积-成壤事件与第四纪气候旋回．科学通报，41（1）：56 ～59．

黄春长，庞奖励，张战平．2000．黄土高原环境恶化的自然背景研究．陕西师范大学学报（自然科学版），28（3）：110～114．

李燕华，庞奖励，黄春长等．2011．关中东西部全新世黄土-古土壤序列风化程度对比及意义．陕西师范大学学报（自然科学版），39（2），75～80．

刘东生．1964．黄河中游黄土．北京：科学出版社．

刘东生．1985．黄土与环境．北京：科学出版社．

刘嘉麒，倪云燕，储国强．2001．第四纪的主要气候事件．第四纪研究，21（3）：239～248．

莫多闻，朱忠礼，杨晓燕．2000．我国西北冲积扇上的黄土．第四纪研究，20（3）：297～297．

桑志华，德日进．1927．山西河南间第三纪末及第四纪地层研究．中国地质学会志，6（2）：134～149．

施雅风，孔昭宸．1992．中国全新世大暖期气候波动与重要事件．中国科学（B 辑），00B（12）：1300

～1308.

孙昌斌，谢新生，许建红.2011.罗云山山前断裂带阶地调查研究及其构造意义.中国地震，27(2)：126
　　～135.

孙英民，李有谋.2002.考古学导论.河南开封：河南大学出版杜.

唐克丽，贺秀斌.2004.黄土高原全新世黄土-古土壤演替及气候演变的再讨论.第四纪研究，24(3)：
　　129～139.

王克鲁，盛学斌，严富华等.1997.山西洪洞王绪黄土地层划分.地质科学，32(4)：495～505.

王挺梅，朱海之，翟礼生等.1962.山西省汾河流域第四纪地质调查报告.黄河中游第四纪地质调查报
　　告.北京：科学出版社.

王挺梅，郑炳华，李新元等.1993.罗云山山前断裂带第四纪活动特征.见：马宗晋主编，山西临汾地
　　震研究与系统减灾，北京：地震出版社.

杨前进，黄春长，刘昆等.2004.洪积扇上全新世古土壤的特点及环境意义——以临汾盆地东坡沟剖面
　　为例.沉积学报，22(2)：332～336.

竺可桢.1973.中国近五千年来气候变迁的初步研究.中国科学，(2)：168～189.

朱显谟.1964.壚土.北京：农业出版社.

# The characteristic of holocene loess-paleosol sequence on the alluvial-fluvial fan in Linfen Basin, Shanxi

## Xu Jianhong　　Xie Xinsheng

(Institute of Crustal Dynamics, CEA, Beijing 100085, China)

Xuecun section locates on the alluvial-fluvial fan in western edge of Linfen Basin, Shanxi, which consists of four main layers: dirty yellow loess, gray black loam, yellow white loess. Based on comparing regional geological stratum, Holocene climate characteristic, soil developing process and three dating results, we determined the age sequence of geological stratum in the section. The study shows that S0 in the section is composed of two layers of soils with clear dividing line, upper layer of gray black loam and lower layer of brown red paleosoil which is close to "Lou soil" mentioned in previous studies. The great climate cycle in the Holocene controlled the development of the loess-paleosoil sequence, in which $S_0$ had developed in the megathermal climate and the three layers of black loam of different thickness in the Holocene soil imply small warm-wet fluctuation in the dry-cold period. Loess on the alluvial-fluvial fan mainly developed since late of Late Pleistocene and its distribution is consistent with the entire loess distribution of our country.

# 五台山北麓东段晚第四纪洪积扇形成年代与成因分析[*]

## 龚　正　丁　锐　李天龙　张世民

(中国地震局地壳应力研究所(地壳动力学重点实验室)　北京　100085)

**摘　要**　洪积扇与河流阶地的发育受控于构造活动、气候变化与基准面变化等因素。识别和理解各控制因素在山前地貌-沉积体系中所起的作用是过程地貌学研究的一个重要方面。对山西地堑系五台山北麓地区山前地貌-沉积体系的研究结果表明,该区三万年以来经历了三期快速堆积过程,在山前表现为多期洪积扇堆积,在山区表现为河流阶地堆积;较早两期洪积扇历经多次断层活动,位于下降盘一侧的主扇体部分被埋藏,上升盘一侧仅残余扇体后缘部分,沿山前形成洪积台地,其对应上游河段的第一、二级阶地;通过碳同位素测年获得了这三个堆积期的精确年代:最老一期发生在30kaBP左右,中间一期发生在6kaBP左右,最新一期开始于1.5ka并持续至今。与冰芯记录的晚第四纪高精度气候旋回对比表明这三期堆积均发生在气候由暖湿突然变干冷的时段。这一时段五台山北麓断裂活动强烈,构造条件不利于山区河段的堆积作用,因此推断气候变化是控制三期快速堆积的主导因素。从暖湿到干冷的气候变化,导致植被的退化与物理风化的加强,为河流提供了丰富的碎屑物源。

# 一、引　言

山前堆积体系位于盆地和山脉分界的重要部位,能够在山麓地带保存详细的长时间尺度沉积序列(Harvey,2002),主要堆积时期可能形成多套具有不同沉积特点的洪积扇(Pope,2003),侵蚀时期则可会对早期形成的堆积体系进行改造并切割原始扇面(Harvey,1999);堆积和侵蚀发生的控制因素多样化,包括气候(Dorn,1994;Harvey et al.,1994;李有利,1997)、构造(Bull,1962,1977;高红山,2005;孙昌斌,2011)和基准面变化(Harvey,2002)等。五台山北麓断裂位于山西地堑系内繁代盆地南侧,断裂西自皇家庄,向北经下庄、大峪、中庄寨、南峪口,延伸至小柏峪一带,全长约85km,总体走向NE60°。其东段在断裂控制下发育多条与断裂走向近垂直的横向河流。研究区位于半干旱地区,区内最大河流为羊眼河,以羊眼河为界,左侧发育10条冲沟,右侧发育7条冲沟(图1),这些横向冲沟在山区普遍发育二级以上阶地(图2),在出山口形成一系列规

---

　　* [基金项目] 国家自然科学基金项目(批准号:40972143)资助。

模巨大的洪积扇，盆地一侧成为控制横向河流发育的基准面。伴随盆地边界断裂的持续活动，洪积扇在山区一侧的扇顶部分抬升形成洪积台地(图 2c)，其盆地一侧的扇体则相对沉降并被后期的洪积物埋藏。通过对五台山北麓南峪口段晚第四纪河流阶地、洪积台地与现代洪积扇等地貌面的沉积层序与$^{14}$C 年代学研究，重建了山麓地带近 3 万年来横向河流的沉积与侵蚀历史。结合研究区活动构造研究成果与中国大陆高分辨率气候变化研究资料，讨论了气候变化与构造活动对山前洪积扇发育过程的影响。

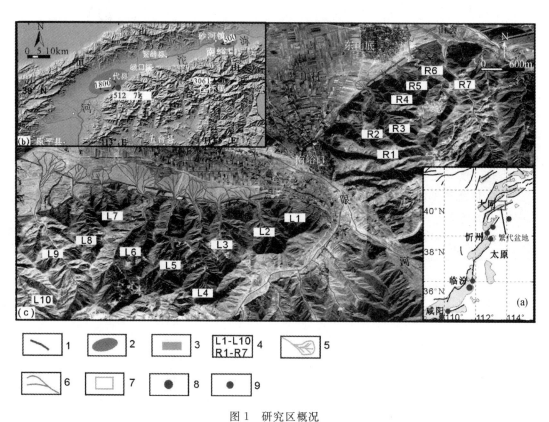

图 1　研究区概况

1. 断层；2. 沉降中心；3. $T_2$ 同期洪积台地；4. 冲沟编号；5. 现代洪积扇；6. 河网；

7. 研究区；8. $M_S \geq 8$ 地震震中；9. $8 > M_S \geq 7$ 震中分布

(a) 羊眼河出山口东侧洪积台地及河流阶地分布图

(b) 羊眼河出山口西侧洪积台地及现代洪积扇分布图

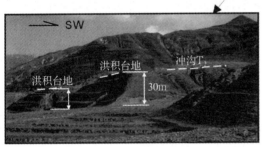

(c) 冲沟T2与洪积台地分布关系图

(d) 洪积台地与现代洪积扇叠置关系图

图 2　羊眼河出山口东西两侧河流阶地及洪积台地

# 二、河流地貌单元的划分及断代

在五台山北麓地带，沿横向河流的谷地发育了多级阶地地貌。这些河流阶地指示了河流的多期下切过程。自河床往上，本文把这一系列河流阶地依次命名为第一级阶地($T_1$)、第二级阶地($T_2$)，依次类推。

**1. 冲沟第二级阶地($T_2$)及其同期洪积台地**

（1）阶地。

在南峪口村东侧冲沟 R3 沟口，$T_2$ 阶地发育于左岸，阶地面拔河 18m，阶地由冲积相地层及上覆黄土层构成（图 3(b)），从上而下可分为 3 层：

①厚层砾石层，可见厚度为 6.4m，层中夹多层砂及黄土条带，层理发育，具有明显的粗-细韵律，与上覆漫滩相地层形成典型的二元结构。砾石整体分选良好，但磨圆较差，多为棱角状；该套砾石层上部砾径偏大，约 1～25cm 不等，以 5～10cm 居多，中部（黄土夹层之上）砾石大小均一，砾径为 2～10cm，且 5～7cm 者居多；下部砾石分选差，砾径为 10～90cm 不等，混杂堆积，砾石母岩岩性多为富含暗色矿物的基性岩类变质岩。

②粉细砂质黏土层。底部稍粗,与下部的砾石层呈过渡渐变,颜色为灰白色,夹小砾石,砾径0.3～2cm不等,该层厚约12cm,该细层之上为弱发育粉砂质黏土层,灰褐色,较硬,夹砾,碳粒丰富;颜色往上逐渐变浅,与上覆黄土呈渐变过程;总厚约40cm,其顶部$^{14}$C测年显示年龄为28520±170B. P(SH-C-11);底部年龄为31270±190B. P. (SH-C-8)。

③灰黄色黄土层,质纯,发育垂直节理,靠近底部夹少量砾石,砾径较小,且不成层分布,在靠近顶部处夹砾石透镜体,整套黄土厚约7.2m。

(2) 洪积台地。

区域内 T$_2$ 洪积台地广泛发育于山前地带,沿断裂、羊眼河出山口东、西两侧呈线性分布(图2(a)、(b)),洪积台地前缘大多高出最新一期洪积扇扇间洼地20～30m,沉积相特征普遍为底部发育厚层洪积相二元结构,上部披覆马兰黄土。从羊眼河出山口往东、西两侧,不同台地顶部覆盖黄土厚度略有变化,总体上往西黄土堆积变厚,而洪积相物质减薄。羊眼河出山口东侧东山底村旁出露洪积台地剖面(图3(a)),剖面高26.3m,上覆6.3m厚黄土层,下部为洪积相砾石层与次生黄土、粉砂及古土壤互层;剖面自下而上共分为25层,下部洪积相地层见多套次生黄土-棱角状砾石层-古土壤互层。剖面描述如下:

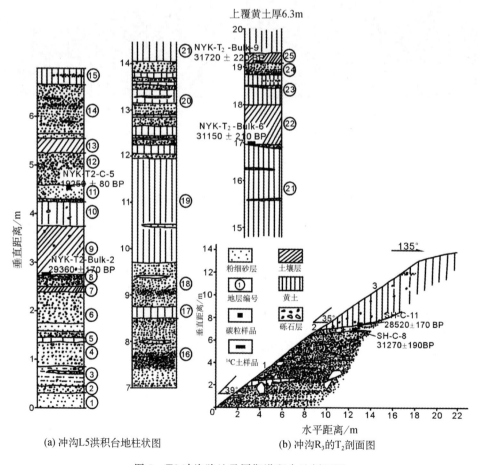

(a) 冲沟L5洪积台地柱状图　　　　　　(b) 冲沟R$_3$的T$_2$剖面图

图3　T2 冲沟阶地及同期洪积台地剖面图

①灰黄色粉砂层，含少量砾石，发育水平层理，夹灰绿色细砂层，层厚30cm。

②砾石层，下部砾径较小，0.2～0.5cm不等，上部较大，部分达5cm，层厚15cm。

③灰黄色亚黏土层，厚45cm，层理不发育，中部夹零星砾石，上部夹薄层砂砾石层。

④砾石层，厚50cm，略微发育水平层理，砾石大小均匀，砾径以1～3cm为主。

⑤灰黄色黄土层，厚12cm，局部弱发育土壤，呈浅棕红色，夹少量砾石。

⑥砾石层，厚95cm，由3层组成，上部砾石层厚65cm，砾径较小；少量砾石砾径达5～10cm，含量少于10%；中部为灰绿色细砂层，水平层理发育；下部为砾石层，略见水平层理，砾径稍大，局部夹细砂透镜体。

⑦灰黑色古土壤层，质地坚硬，含粗砂及少量细砾，局部夹极薄层灰黄色细砂层，厚10～15cm。

⑧砾石层，砾石分选性差；顶部较粗，部分砾径可达15cm；下部稍细，层厚25cm。

⑨灰黑色古土壤层，含少量白色菌丝，粉砂质，有少量砾石出现，砾径较小；整套土壤密实而坚硬，层厚1m；于该层底部取NYK-$T_2$-Bulk-2，常规碳测年年龄为29360±170B.P.

⑩灰黄色亚黏土层，质纯而坚硬，虫孔发育，局部含少量砾石及灰黑色土块，厚50cm。

⑪浅灰绿色细砂层，砂质纯，发育水平层理，底部夹细砾透镜体，厚35cm。

⑫砾石层，可见清晰的沉积韵律，根据砾径大小可分为3层：顶底部砾径较小，砾径0.2～1.5cm不等；中部砾石砾径较大，以3～5cm者居多。

⑬浅灰褐色古土壤层，粉砂质黏土，颜色下部较深，且从下而上逐渐变浅，夹少量砾石，厚30cm。

⑭砂砾石层，厚1.1m。底部为浅灰绿色细砂层，未胶结，质地松软，层理发育，厚约10cm；砂层之上为砾石层，砾石层较厚，1m左右，可见多个韵律旋回，砾径一般在0.5～5充满之间，局部发育砂层透镜体。

⑮灰黄色黄土层，粉细砂质，较硬弱土壤化，厚30cm，局部夹砾石透镜体。

⑯砾石层，层厚1.6m，分选良好；从下而上可见2套韵律结构，砾石绝大部分为棱角状，母岩岩性以富含暗色矿物基性岩类为主，韵律结构中，细砾层砾径一般为0.5～2cm，粗砾砾径一般在3～15cm。局部出现粗砂透镜体。

⑰灰黄色黄土层，土质纯，厚25cm。

⑱砾石层，砾石磨圆差，分选良好；由下而上砾径由细到粗再到细，水平层理发育，局部夹黄土透镜体，厚95cm。

⑲灰黄色黄土层，质纯，垂直节理发育，局部夹砂、砾石透镜体，厚2.55m。

⑳砾石层，该套砾石层为多层砾石层与黄土夹层互层，砾石层砾径较小，且发育水平层理，局部含砂层透镜体。

㉑厚层灰黄色黄土层，质纯，下部为次生黄土，发育水平层理，在距底部1.4m处夹灰绿色细砂层，层厚2.3m。

㉒灰黄褐色古土壤层，颜色较浅，但与马兰黄土相比颜色较深；该层从下而上颜色逐渐变浅，至顶部与上覆地层呈逐渐过渡关系，厚1.05m。于该层底部取得碳样NYK-$T_2$

-Bulk-6；测年结果为 31150±210B. P. 。

㉓灰黄色黄土层，黄土质纯、松软，局部夹砂、砾石透镜体，该层厚 80cm。

㉔砾石层，由粗砂与砾石组成，上、下部粒度较细，中部稍粗，可见水平层理发育，砾径范围 0.5～2cm，层厚 30cm。

㉕灰褐色古土壤层，为粉砂质黏土，质纯而硬度较大，含白色钙粒，团粒结构与下覆砾石层组成二元结构，厚 25cm，于该层底部取得样品 NYK-T$_2$-Bulk-9，测年年龄为 31720±220B. P. 。

羊眼河东侧冲沟 L5 出山口处，由于铁矿尾矿坝开挖将此期洪积台地顺断层揭露(图 2(d))，剖面揭示出洪积台地堆积物与现代洪积扇之间地层关系，洪积台地堆积地层倾斜，沿出山口向东、西两侧倾斜，倾角 2°～6°，与现代洪积扇顶面近似平行；从出山口往两侧，沉积物粒度逐渐变细，呈现粗角砾—细砾—次生黄土的韵律，体现出明显的洪积扇沉积特征(图 2(d))。

T$_2$ 洪积台地和冲沟 T$_2$ 阶地为同一期堆积时期产物，测年数据显示该堆积期发生于距今 30ka 前后并很快结束，之后经历多次构造活动形成现在高差达 20m 左右的断层陡坎。

**2. 冲沟第一级阶地(T$_1$)**

研究范围内，沿各级冲沟 T$_1$ 级阶地广泛发育，其拔河高度一般为 2～3m。在羊眼河西侧，如图 4 所示 L7 冲沟沟口右岸发育 T$_1$ 阶地，其为堆积阶地。构成阶地的冲积层为发育水平层理的砂砾石层，砾石磨圆度差，多为次棱角-棱角状，极少见磨圆砾石。阶地顶部覆盖 1.8m 厚棕黄色次生黄土状土，该层中下部发育一层黑褐色土壤层。T$_1$ 阶地在其形成之后历经断层作用而错断，下盘堆积被现代洪积扇覆盖。T$_1$ 阶地地层剖面如下：

①灰绿色千枚岩，厚 0.7m，未见典型粒状矿物出现，风化严重，整体上仍保持原有千枚状构造，但物理性质改变严重，质地松软，含水量大。

②花岗质片麻岩，厚 1.3m，质地坚硬，与层 1 区分明显，显晶质粗粒、等粒结构。发育多组节理，岩层整体上破碎严重，见参差状断口。与上覆层理③-1 以侵蚀面接触。

③-1，细砂砾层，厚 0.8m，层理发育，底部层理平行于基岩侵蚀面，往上逐渐水平；堆积物多以细砾为主，砾径多小于 2cm，偶见扁平粗砾出现；整体上砾石分选良好，磨圆度较差，多以次棱角状出现，层中见细-粗-细的沉积韵律出现。

③-2，粗砂砾堆积层，层厚稳定 0.7m；砾石直径较大，多数大于 5cm；砾石磨圆差，分选一般；粗粒间以直径小于 2cm 的细砾及粗砂充填，不发育明显层理，砾石具定向排列，右端与基岩面呈不整合接触，左端与层 3-1 呈连续过渡。

④灰黄色粉砂层，厚 10cm，砂质较纯，发育水平层理。

⑤细砂砾层，厚 2m，水平层理发育，局部可见粗砂、细砾层之间交错层理；该层由底部至顶部见多个沉积旋回，表现为细砾与粗砂交替出现，反应了水动力条件的交替变更；细砾层中，砾石磨圆度差，多为次棱角状，分选良好，大多小于 2cm，细砾层与粗砂层之间多以过渡形式出现，无明显分界面。

⑤-1，细砾层，厚 15cm，细砾磨圆差，分选良好。部分砾石表面披盖白色钙膜，故整体上此层呈现白色，下界限分界明显。与底层 5 相比，含砂量明显减少。

(a) 剖面地层岩性

(b) 冲沟L7出山口现代洪积扇，$T_1$ 位置关系图

(c) 冲沟$T_1$开挖剖面

图 4　冲沟 L7 出山口右岸 $T_1$ 阶地剖面图

1. 地层编号；2. 砾石层；3. 粗细砂层；4. 土壤层；5. 土样取样点；6. 次生黄土层；
7. 粉砂层；8. 绿泥质千枚岩；9. 花岗片麻岩

⑥-1，细砾层，与下覆层⑤以侵蚀面相接触；最大厚度70cm，两侧减薄至30cm；砾石无磨圆，分选差，砾径范围 0.5～8cm 不等。该层左侧砾石定向排列明显，最大扁平面倾向上游；但整体上无明显层理发育，右侧见弱水平层理；70%以上砾石包裹白色钙膜，整体上呈白色。

⑥-2，灰黄色粉砂层，厚20cm，砂质良好，偶见细砾出现，往右尖灭于层⑥-1中。

⑥-3，细砾层，少量砾石披附钙质外膜，整体上呈灰白色；砾径粗大且分选良好，多为 4～6cm；砾石无磨圆，以棱角状为主。

⑦-1，透镜体状含细砾粗砂层，砂质不纯，细砾含量在10%左右。

⑦-1-1，灰褐色古土壤层，厚0.4m，分布不连续，于层中顶底部分别取得碳样Bulk-1、Bulk-2，$^{14}$C 测年龄约为 5830±30B. P，5790±40B. P.。

⑦-2，灰黄色次生黄土层，厚 1.3m，土质不纯，层中含少量粗砂及细砾颗粒，无层理，根据测年数据，推断 $T_1$ 阶地下切于距今 5.8ka 左右。

### 3. 现代洪积扇

现代洪积扇体分布在冲沟出山口，扇体巨大，扇体前缘到扇顶高差达 50m，扇面陡倾 $4°\sim6°$。在羊眼河西侧冲沟 L5 出山口，尾矿坝开挖揭示了该冲沟现代洪积扇直接覆于古冲积扇之上(图5)；剖面高 16m，宏观上分为上下两套地层：下部为典型的冲积相沉积，砾石磨圆度高、分选良好；上部为洪积相堆积，砾石磨圆差，多为棱角-次棱角状，分选差。整个剖面细分为 17 层，详细描述如下：

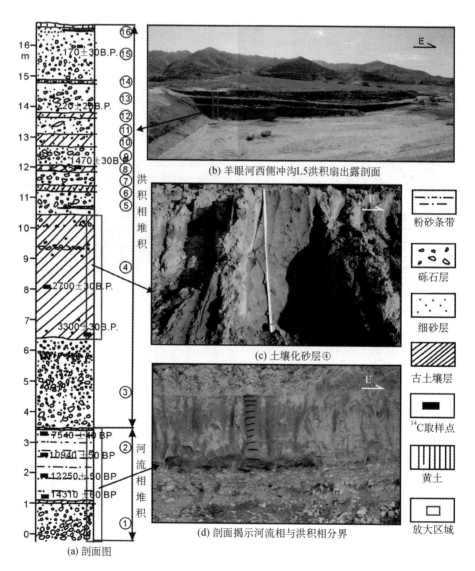

(b) 羊眼河西侧冲沟L5洪积扇出露剖面

(c) 土壤化砂层④

(d) 剖面揭示河流相与洪积相分界

(a) 剖面图

图例：
- 粉砂条带
- 砾石层
- 细砂层
- 古土壤层
- $^{14}$C取样点
- 黄土
- 放大区域

图 5　羊眼河西侧冲沟 L5 出山口现代洪积扇剖面

①砾石层，揭露厚度1.3m；砾石磨圆好，多为圆形或卵形；分选良好；砾石表面披盖钙质薄膜，整套呈现为灰白色；上部砾径较小，0.5～15cm不等，以2～5cm者居多；下部砾径较大，多为5～25cm。原岩以青灰色石灰岩类居多，含少量花岗片麻质。

②灰黄色粉细砂层，厚2.4m，富含有机物；顶底部发育薄层灰黑色古土壤层，中部颜色较浅，该层最底部以薄层粗砂层与下覆砾石层呈过渡状态；该层顶部$^{14}$C年龄为7540±40B.P.（YYHBulk-4），底部年龄为14310±60B.P.（YYHBulk-1）。

③洪积相砾石层，厚2.9m；砾石磨圆差，多为次棱角及棱角状；发育水平层理，从底部到顶部砾石砾径由粗到细多个旋回叠加。

④黄褐色古土壤层，厚3.9m，上部颜色偏深，底部略浅；中上部发育两套薄层粗砾石层，砾石磨圆差，但分选良好，多位于5～10cm之间，该层底部和中部$^{14}$C年龄分别为3300±30B.P.（YYH-C-8）和2700±30B.P.（YYH-C-10）。

⑤洪积相砾石层，厚70cm；无层理，砾石磨圆差，分选差；顶底部砾石相对较细，砾径多小于5cm；底部发育粉细砂层。

⑥粉细砂层，整体呈褐黄色；厚20cm；层中含极少量的细砾石。

⑦砾石层，无层理，砾石无定向排列；磨圆与分选差；顶底部砾石砾径相对较小，与层⑥和⑧呈过渡关系，层厚0.5m。

⑧褐黄色古土壤层，厚15cm；无层理，土质不纯，含大量细砾，偶见粗砾出现。

⑨砾石层，厚60cm，顶部$^{14}$C年龄为1430±30B.P.（YYH-C-20）。

⑩褐黄色夹砾粉砂层，轻微土质化；层厚40cm，砾石含量30%左右，多为细砾，砾径以小于0.5cm者为主；顶部颜色分界面明显，粒度上呈过渡状态。

⑪砂砾石层，层厚55cm，砾石磨圆差，分选一般；含砂量小于30%。

⑫褐黄色土壤层，质纯，粗粒物质含量少于5%，层厚18cm。

⑬洪积相砂砾石层，厚90cm；局部发育水平层理；砾石分布上下两端偏细，中部较大，砾径0.5～8cm不等，砾石磨圆差，该层中部$^{14}$C年龄为220±20B.P.（YYH-C-13）。

⑭褐黄色粉细砂层，厚10cm，发育良好水平层理；砂质纯。

⑮含砾粗砂层，厚1.7m；发育水平层理，细砾定向排列，顶部发育一浅灰色粉砂条带，稳定厚度5cm；中上部$^{14}$C年龄为170±30B.P.（YYH-C-17）。

⑯现代耕植层，厚10～15cm，灰褐色，夹少量砾石，发育大量现代植物根系。

$^{14}$C测年数据显示顶部洪积相堆积开始不晚于3300B.P.年（YYHC-8），并持续至今；下覆河流相堆积结束于7.5kaB.P.，我们认为该套河流相堆积物为羊眼河T$_1$阶地（图6），羊眼河T$_1$阶地形成后由于后期断层活动被错断，断层下盘被后期沉积物覆盖。羊眼河发源于五台山东段，全长18.5km，沉积物经过长时间的搬运，砾石磨圆度较高。其东西两侧横向冲沟的长度为1～3km，冲积物搬运距离短，砾石磨圆度低，一般为次棱角状，二者形成的堆积物区别明显，冲沟L5出山口处于羊眼河汇入滹沱河冲积扇西侧，其出山口堆积堆覆于羊眼河阶地堆积上的可能性极大。

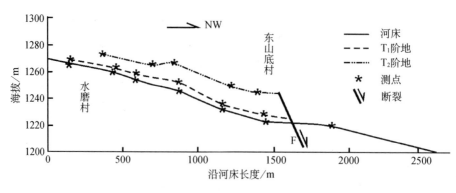

图6 羊眼河阶地相位图

# 三、分析和讨论

## 1. 研究区堆积期与气候关系

　　五台山北麓位于山西境内，风成黄土发育良好，刘东升、丁仲礼、郭正堂等人通过对黄土高原洛川、宝鸡、西峰等多个黄土剖面粒度、磁化率等研究显示，中国北部黄土堆积与深海氧同位素对比性良好，能够反映出具有高精度的晚第四纪气候旋回(丁仲礼、刘东升，1990；Kukla An，1989；郭正堂，1994；丁仲礼，1998)，刘东升将2.5Ma来的气候划分为164个旋回；通过对比该气候划分与五台山北麓东段堆积期次，我们发现第一期堆积时间对应于末次冰期L1-2阶段，后两期则发生在全新世S0阶段；L1-2阶段为末次冰期相对温暖的冰期气候阶段，持续时段为50～26kaB.P.，对应于深海氧同位素MIS3阶段，对中国大陆气候的研究表明，这一时段中40～30kaB.P.左右中国大部基本处于一个气候湿润多雨的时期，青藏高原及西北部尤为明显，36～33kaB.P.青藏高原上草原/森林线往北推移400km，往西推移400～800km(施雅风，2003)；新疆、甘肃及内蒙古西部多个湖泊在此时段内表现为高水位(王靖泰，1988；于格，2001；Pachur，1995)；北部干旱区同样有类似的表现，内蒙古东南部岱海湖水比现在高20m(王苏民，1991)，黄土高原则表现为针、阔叶林花粉等具有气候指示性沉积物大量富集及成壤作用的加强(施雅风，2003)；青藏高原北缘古里雅冰芯氧同位素记录显示32kaB.P.左右存在一次气候剧烈变化的显著降温过程，末次冰期随后进入盛冰期(姚檀栋，1997)，其中32～28kaB.P.这段时间内气温波动最为剧烈(图8)。

　　这一期事件在其他地方也有所体现，Heinrich(1988)对大西洋深海沉积物的研究发现北极冰山曾向海里倾泄多次，由此导致的气候效应使得北半球气候的震荡，6次Heinrich事件参考年龄为60000aB.P.、50000aB.P.、35900aB.P.、30100aB.P.、24100aB.P.、16800aB.P.(Bond G，1993；Bond G C，1997)，此后格陵兰冰芯(Bond G，1993)、中国西北黄土(郭正堂、刘东升，1996)、北美湖泊沉积(Grimm E C，1993)、日本冲绳海沟沉积(刘振夏，1997)都发现类似记录(表1)；第三期Henrich变冷事件与这次事件相对应，由此我们推断发生在研究区的三万年左右的这一期快速堆积过程是华北地区对这期变冷事件的反

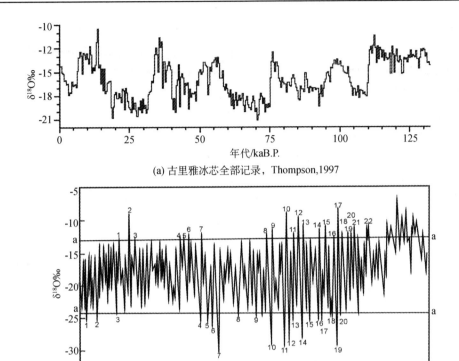

(a) 古里雅冰芯全部记录，Thompson，1997

(b) 古里雅冰芯记录，18~34kaB.P.高精度记录分析（据姚檀栋，1999）

aa与a'a'直线之间为变幅在7°以上的极强气候突变

图 8　古雅里冰芯记录

应，这一时期华北地区由相对湿润温暖的气候突然进入干冷期，地表风化剥蚀物增加，且气候出现剧烈的冷暖变化，有利于河流堆积的发生（张培震，2001；夏正楷，2003；陈桂华，2010），气候干冷期地表植被多以草本植物居多且覆盖面积有限，不利于水土的保持，并且干冷的气候有利于物理风化的进行，冰劈、温差风化等严重，为河流提供了大量的堆积物来源；与之相反，气候暖湿期，植被覆盖范围加大，降水量趋大，为河流系统提供了大量的流水来源，有利于河流侵蚀的发生；剧烈的干、湿气候变化往往会导致水动力和堆积物来源的剧烈变化，从而导致地表剥蚀产物多以洪积物的形式堆积于河谷内或山前地带。

表 1　Heinrich 事件对比（单位 ka B. P.；刘振夏，1997）

| 事件 | 冲绳海槽 9603 | 渭南黄土 | 宜川黄土 | DSDP609 | ENAM93-21 |
|------|-------------|---------|---------|---------|-----------|
| H1 | 13.6~15.4 | 13.3~14.1 | 12.8~14.2 | 14.3 | 13.1~14.8 |
| H2 | 19.0~20.9 | 20.4~21.9 | 20.0~22.7 | 21.0 | 20.0~22.0 |
| H3 | 25.9~26.8 | 28.9~30.8 | 25.6~28.0 | 27.0 | 26.1~26.7 |
| H4 | 37.0~37.7 | 36.9~40.4 | 35.7~38.8 | 35.0 | 33.5~35.2 |

　　全新世以来，第四纪气候进入暖期，中国大陆大致上经历了早全新世冰川消融期、中全新世温湿大暖期及晚全新世干冷期(唐克丽，2004)；然而中国大陆由于青藏高原的存在，强烈影响到了中亚地区的大气环流，导致不同气候载体反应的中国各地区中全新世大暖期的开始、结束时间和变化幅度各有不同，整体上中国西部大暖期开始时间较东部早、持续时间短且变化幅度大(何元庆，2003)。

　　中国大陆 7.2～6.0kaB.P. 的研究表明，这段时间内中国大范围内同样处于一个相对稳定的暖湿气候，古植物孢粉等显示青海湖区气温高于现代3℃(施雅风，1992；王苏民，1992)，西北地区内陆湖泊多处于高水位，华北平原也处于一个湖沼盛大发育的时期；同一时期古文化也发育到了一个高峰期，黄河流域的仰韶文化，长江流域的河姆渡文化、马家滨文化在这一时期达到鼎盛；然而，青藏高原冰芯记录显示这段时间内存在多个气候变冷事件，其中 6kaB.P. 前出现了一次较大的降温事件(图9)，敦德冰芯显示这次降温事件发生在 6.3～6ka B.P.(图9(a))，古丽雅冰芯记录则显示整个 6～7kaB.P. 区段表现为一个急剧降温的过程(图9(b))，这些证据表明 6～7kaB.P. 时间段内，气候经历了一个由暖到冷的过程，而研究区内冲沟 $T_1$ 所代表这一期堆积期可能是对这一期事件的反映。

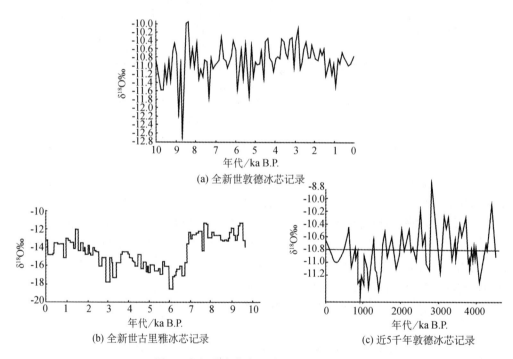

(a) 全新世敦德冰芯记录

(b) 全新世古里雅冰芯记录　　　　　　(c) 近5千年敦德冰芯记录

图 9　全新世青藏高原冰芯氧同位素记录

　　施雅风、王绍武等(施雅风，1992；王绍武，2000)认为全新世大暖期在 3kaB.P. 左右结束，由此之后中国大陆进入降温期，各方面因素出现恶化。徐海等人(徐海，2002)对四川红原泥炭纤维氧同位素测试记录显示 4.6～4.2kaB.P. 为一个显著的寒冷阶段，3.5～2.0kaB.P. 时段则处于一个相对温暖湿润的气候环境，1.5kaB.P. 到现在为一个持续降温的冷期；许清海(许清海，2004)利用孢粉分析重建燕山南部气候同样表明 4.5～

3.6kaB. P. 为一个显著的降温过程，2ka B. P. 以来降水量持续下降气候变干冷；姚檀栋（姚檀栋，1992）利用敦德冰芯重建了中国5kaB. P. 来的高精度气候旋回（图9（c）），显示3.6～2.5kaB. P. 这段时间气温相对温暖；这些研究成果与研究区现代洪积扇堆积序列呈现着很好的对应关系，剖面显示3.3～2.7kaB. P. 左右发育一套褐黄色土壤层（层④），指示这个时期内区内气候相对湿热、植被生长良好，生物作用旺盛；而层④之上属于洪积相棱角状砾石堆积，对应相对干冷气候。

**2. 研究区堆积期与活动构造的关系**

五台山北麓断裂在其构造历史过程中存在相对活跃期和相对平静期，在构造行迹和构造地貌上都有明显反映，张世民等（2007）根据区内山麓地带联合地貌面之间的关系将120MaB. P. 以来的构造历史划分为4个构造活跃期，并指出20kaB. P. 左右五台山北麓断裂进入一个新的活跃期；与之相对应，20世纪90年代末期中国地震局对该断裂进行的填图认为晚更新世断裂东段滑动速率为1.0～1.2mm/a（刘光勋，1991），丁锐等（2009）通过对该断裂南峪口段大型探槽开挖获得了该断裂段比较精确的断层活动速率，并指出6ka以来断层滑动速率相对于近两万年增加了近一倍，由1.55～2.0mm/a增至2.3mm/a；这说明五台山北麓断裂从晚更新世开始构造活动处于一个高发期，并且具有越来越强的趋势；该期构造活动在地貌表现上更为明显，直观表现为断层活动错断洪积扇 $T_1$ 和 $T_2$，在地表形成巨大的高差（图2）。公元512年沿五台山北麓断裂发生了7½级地震（刘光勋，1991）。这些证据表明晚第四纪以来，五台山北麓断裂处于一个构造活跃期。在构造活动强烈的时期，上升盘河段会持续性下切，不利于堆积地貌的形成。因此推断，这三期快速堆积期的发生不是构造因素造成的，气候变化是其主要控制因素。

# 四、结　　论

对五台山北麓东段洪积扇和河流阶地的地貌学、地层学和年代学研究结果表明，区内近3万年来共发生过三期快速堆积：最老一期发生在30kaB. P. 前后；中间一期结束于6kaB. P. ；最新一期开始于1.5kaB. P. ，并持续至今。与区域气候环境记录的对比表明，这三期堆积时代对应于气候由暖变冷阶段。合理的解释是这些时段地表物理风化严重，为山区河流提供了丰富的物源，但由于降水减少，河流缺少足够的动力，松散物质多堆积于河床或以洪积相形式堆积于山前。五台山北麓断裂在晚第四纪处于构造活动期，构造条件不利于山区河段的堆积作用，推断气候变化是控制三期快速堆积的主要因素。

## 参　考　文　献

陈桂华，徐锡伟，闻学泽等．2010．川滇块体东北缘晚第四纪区域气候—地貌分析及其构造地貌年代学意义．第四纪研究，30（4）：837～854．

丁锐，任俊杰，张世民．2009．五台山北麓断裂南峪口段晚第四纪活动与古地震．中国地震，25（1）：41～53．

丁仲礼，刘东生，刘秀铭等．1990．中国黄土的土壤地层学与第四纪气候旋回．见刘东生主编，黄土：

第四纪地质·全球变化(第一集).北京:科学出版社.

丁仲礼,孙继敏,于志伟等.1998.黄土高原过去 130ka 来古气候事件年表.科学通报,43(6):567～574.

高红山,潘宝田.2005.祁连山东段冲积扇的发育时代及其成因.兰州大学学报(自然科学版),41(5):1～4.

郭正堂,刘东生.1996.最后两个冰期黄土中记录的 Heinrich 型气候节拍.第四纪研究,(1):21～30.

何元庆,姚檀栋.2003.冰芯与其它记录所揭示的中国全新世大暖期变化特征.冰川冻土,25(1):11～18.

李有利,杨景春.1997.河西走廊平原区全新世河流阶地对气候变化的响应.地理科学,17(3):248～252.

刘光勋,于慎谔,张世民.1991.山西五台山北麓活动断裂带.活动断裂研究(1).北京:地震出版社.

刘振夏,Y. Saito,李铁刚.1999.冲绳海槽晚第四纪千年尺度的古海洋学研究.科学通报,44(8):883～887.

施雅风,孔昭宸,王苏民等.1992.中国全新世大暖期的气候波动与重要事件.中国科学 B 辑,12,1300～1308.

施雅风,于革.2003.40～30ka B. P. 中国暖湿气候和海侵的特征与成因探讨.第四纪研究,23(1):1～11.

孙昌斌,谢新生,许建红.2011.罗云山山前断裂带阶地调查研究及其构造意义.中国地震,27(2):126～135.

唐克丽,贺秀斌.2004.黄土高原全新世黄土—古土壤演替及气候演变的再探讨.第四纪研究,124(2):129～140.

王绍武,龚道溢.2000.全新世几个特征时期的中国气温.自然科学进展,10(4):325～332.

王苏民,施雅风.1992.晚第四纪青海湖演化研究析视与讨论.湖泊科学,4(3):1～9.

王苏民.1991.内蒙古岱海湖泊环境变化与东南季风强弱的关系.中国科学 B 辑,21(7):759～768.

夏正楷,王赞红,赵青春.2003.我国中原地区 3500aBP 前后的异常洪水事件及其气候背景.中国科学 D 辑,39(9):881～888.

徐海,洪业汤.2002.红原泥炭纤维素氧同位素指示距今 6ka 温度变化.科学通报,47(15):1181～1186.

许清海,阳小兰.2004.孢粉分析定量重建燕山地区 5000 年来的气候变化.地理科学,25(3):339～345.

姚檀栋,1999,末次冰期青藏高原的气候突变——古里雅冰芯与格陵兰 GRIP 冰芯对比研究.中国科学 D 辑,29(2):75～184.

姚檀栋,L. G. Thompson,施雅风等.1997.古里雅冰芯中末次冰期以来气候变化记录研究.中国科学 D 辑,27(5):447～452.

姚檀栋,L. G. Thompson.1992.敦德冰芯记录与过去 5ka 温度变化.中国科学 B 辑,10:1089～1093.

张培震,Molnarp.2001.沉积和侵蚀速度对气候变化的响应.卢演俦,高维明,陈国星等主编.新构造与环境.北京:地震出版社.

张世民,任俊杰,聂高众.2007.五台山北麓第四纪麓原面与河流阶地的共生关系.科学通报,52(2):215～222.

Bond G C. 1997. A millennial-scale cycle in North Atlantic Holocene and glacial climates. Science, 278 (5341):1257～1266.

Bond G, W S Broecker. 1993. Correlations between climate records from North Atlantic sediments and

Greenland Ice. Nature，365：143～147.

Bull W B. 1962. Relations of Alluvial Fan Size and Slope to Drainage Basin Size and Lithology，in Western Fresno County，California. US Geology Survey，Professinal Paper，430B，51～53.

Bull W B. 1977. The alluvial fan environment. Progress in Physical Geography，(1)：222～270.

Dorn R I. 1994. The role of climate change in alluvial fan development In：Abrahams A D &. Parsons A J (eds) Geomorphology of Desert Environments. Chapman and Hall，London，593～615.

Grimm E C，Jacobson G L，Watts W A et al. 1993. A 50000a record of climate oscillations from Florida and its temporal correlation with the Heinrich events. Science，261：198～200.

Harvey A M，Silva P G，Mather A G et al. 1999. The impact of quaternary sea-level and climate change on coastal alluvial fans in the Cabo de Gato range，southeast Spain. Geomorphology，28：1～22.

Harvey A M，Wells S G. 1994. Late Pleistocene/Holocene changes in hillslope sediment supply to alluvial fan systems：California. In：Millington，A. C. &.Pye，K(eds) Environmental change in Drylands：B iogeographical and geomorphological Perspectives. Wiley，Chichester，67～84.

Harvey A M. 2002. The role of base-level change in the dissection of alluvial fans：case studies from southeast Spain and Nevada. Geomorphology，45：67～87.

Heinrich H. 1988. Origin and consequences of cyclic ice rafting in the northeast Atlantic Ocean during the past 130000 years. Quaternary Research，(29)：142～152.

Kukla An. 1989. Loess stratigraphy in Central China. Palaeogeography，Palaeoclimatology，Palaeoecology，72：203～225.

L G Thompson，Yao T，M E Davis. 1997. Tropical climate instability：the last glacial cycle from a Qinghai Tibetan ice core. Science，276：1821～1825.

Pachur H J. 1995. Lake Evolution in the Tengger Desert，Northwestern China，during the Last 40，000 Years，Quaternary Research，44(2)：171～180.

Pope R J J WILKINSON K N. 2003. Human and climatic impact on Late Quaternary deposition in the Sparta Basin piedmont：evidence from alluvial fan systems. Geoarchaeology，(18)：685～724.

# A research of Late Quaternary alluvial and diluvial geomorphic units along the northeast section of the northern piedmont fault of Wutai Mountain

## Gong Zheng   Ding Rui   Li Tianlong   Zhang Shimin

(Key Laboratory of Crustal Dynamics, Institute of Crustal Dynamics, CEA, Beijing 100085, China)

The northern piedmont fault of Wutai Mountain is a normal fault which controls the geomorphic units along the fault and the sedimentation process in Fan-Dai basin; the field investigation reveals that, there are three periods of rapid sedimentation during the late Quaternary, which typically consists of three different river terraces and fans. The first period went on quickly, which probably began and finished at the time of 30ka B. P; the second one finished in 6ka B. P, whereas the nearest sedimentation time dated back to 1. 5ka B. P, and it lasted till hundreds years ago. In this paper, we compare the three rapid sedimentation periods with the climate records cast in loess in northern China and ice-cores in northern margin of Tibet Plateau, namely the Gulia and Dunde ice core. We also take into account the lake surface's fluctuation in the past thousands years, the paleo-climate cycle recorded in plant's spore and the sediments records in Deep Ocean. The result shows that all the three sedimentation periods share the same character that they happened at the time when the climate changed drastically, mainly from a relatively wet, warm climate to harsh and dry weather. Considering background the tectonic backgrand at that time, we concluded that the climate events in the past 30ka may control the sedimentation along the fault, or at least the northeast part of the fault. On the contrary, the slip rate of the fault demonstrates that the fault underwent increasing activities, which is not beneficial for a sedimentation period.

# 槽探与钻探相结合探测隐伏活断层古地震事件
## ——以唐山断裂为例

### 孙昌斌

（中国地震局地壳应力研究所地壳动力学重点实验室　北京　100085）

**摘　要**　古地震研究已成为最近 30 年中活动构造学发展的重要方面，并与活动断裂分段研究一起大大推进了定量活动构造学的发展。古地震研究主要通过地表地质地貌调查、槽探和钻探等方法进行。本文在总结前人对古地震研究的基础上，结合笔者近几年的工作经验，简要介绍了古地震研究中所用的槽探与钻孔联合剖面探测方法。并以唐山断裂为例表明，钻孔联合剖面探测匹配探槽开挖是获取平原区隐伏活断层古地震事件的有效途径。

## 一、引　　言

所谓古地震是指发生于现代和历史地震记录以前，保存于地质记录中的史前大地震事件，主要依靠永久构造变形以及相关的微地貌和微沉积特征进行识别，因此仅能识别出伴有地表破裂的古大地震。古地震研究结果可以弥补仪器和历史地震记录的不足，使我们能够研究更长时间、甚至多个地震轮回的大地震历史，因而可促进对活动断裂长期地震行为的认识以及地震危险性评价研究。虽然古地震遗迹可以存在于不同地质时代的地质记录中，但从实际应用意义出发，主要研究对象应是晚第四纪，尤其是最近几万年中的古地震序列(邓起东等，2008)。

自从 Sieh K E 发表利用探槽技术和新年代学方法研究圣安德烈斯断裂带古地震的结果以来，古地震研究已成为最近 30 年中活动构造学发展的重要方面(Sieh K E，1978；Sieh K E et al.，1984；Schwartz D P et al.，1984；McCalpin J P，1996；Yeats R S，1996)。古地震研究主要通过地表地质地貌调查、槽探和钻探等方法进行(邓起东，1984；邓起东等，1984，1994；冉勇康等，1997，1999；徐锡伟等，2000；冉勇康，2001；江娃利等，2001；谢新生等，2008；张世民等，2008；郭慧等，2011)。本文在总结前人古地震研究的基础上，结合笔者近几年的工作经验，简要介绍了古地震研究中的钻探与槽探方法。

## 二、钻　　探

徐锡伟等(2000)在国内最先试验了利用联合钻孔剖面探测技术来研究古地震，结果显示可通过分析断裂两侧钻孔中地层厚度的变化、侵蚀面的存在以及断距变化等来分析和辨认古地震事件。随后,江娃利(2001)依据前人在夏垫断裂潘各庄获取的钻孔资料,对夏垫断裂晚更新世晚期以来的古地震活动进行了探讨。前几年,张世民等(2008)采用三重管取芯的钻孔技术研究古地震,发展了利用钻孔土芯识别古地震断层崖崩积层的方法与模式,并初步建立起北京南口—孙河隐伏活动断裂距今 60ka 以来的古地震序列。最近,郭慧等(2011)利用钻孔联合剖面探测与探槽开挖揭示了唐山断裂带晚第四纪时期的强震活动特征。由此可见,钻孔联合剖面探测是研究平原区隐伏活动断裂古地震事件的有效途径。

利用钻探研究古地震主要包括钻孔布设、钻孔实施、岩芯记录、取样测年、钻孔地层对比与古地震事件分析等几个方面。下面简要介绍这几方面的内容。

**1. 钻孔布设**

可通过浅层人工地震勘探等物探手段确定隐伏活动断裂对应到地表的位置。然后在垂直断裂走向的方向横跨断裂布设几排钻孔。每排钻孔测线中各孔孔距约 $20\sim30m$,在断裂附近钻孔的孔距可加密至 5m 左右。如果在市区布孔,还应注意避免埋有地下光缆或地下管线的地方,以免造成不必要的损失。

**2. 钻孔实施**

联系好钻机在布设好的钻孔位置进行钻探。一般为取土钻孔,终孔深度应穿透上更新统底界至中更新统内 $2\sim5m$。同时记录该孔的孔口高程、GPS 与所在钻孔测线的平面位置。钻探取出的岩芯一定要从地表往下按顺序摆放好,取出的每一段岩芯底部用标签写上目前已达到的钻探深度,以便岩芯记录时核对地层的深度。

**3. 岩芯记录**

岩芯记录是钻探工作中较重要的一个环节。一定要亲自跟钻详细记录,记录的要素包括颜色、岩性、可塑性、是否含钙质结核或碎石、粒径大小及含量等等。对取出的每一段岩芯应及时记录。记录之前可用泥刀等工具将岩芯从中间剖开以便观察真实的岩芯地层,并用钢卷尺或皮尺测量岩芯地层厚度。一般砂层不容易取上来,故其岩芯相应的会缺失,这一点在记录地层厚度时应特别注意。

**4. 取样测年**

在钻孔岩芯中取样应与岩芯记录同步进行。一般在岩芯发生变化的地层都要取样。尽可能多取样,以便在进行地层分析对比时有充足的样品可供测年。取样时尽可能采集[14]C样品,其次是光释光、热释光、电子核磁共振、古地磁、微体古生物和孢粉等样品。对采好的样品用胶带封好并进行编号。

**5. 钻孔地层对比与古地震事件分析**

依据同层地层厚度的变化或地层层位垂直位移量的变化解读古地震事件期次的方法,不仅使用在探槽研究中,也被应用在横跨断裂两侧的钻孔资料分析中(徐锡伟等,2000;江娃利等,2002;张世民等,2008;郭慧等 2011)。

下面以唐山市南侧稻地乡孙家楼钻孔联合探测剖面(图 1)为例介绍利用钻孔联合剖面进行古地震事件的综合分析。

孙家楼钻孔测线地层分层从上往下如下:

层①地表耕植土;

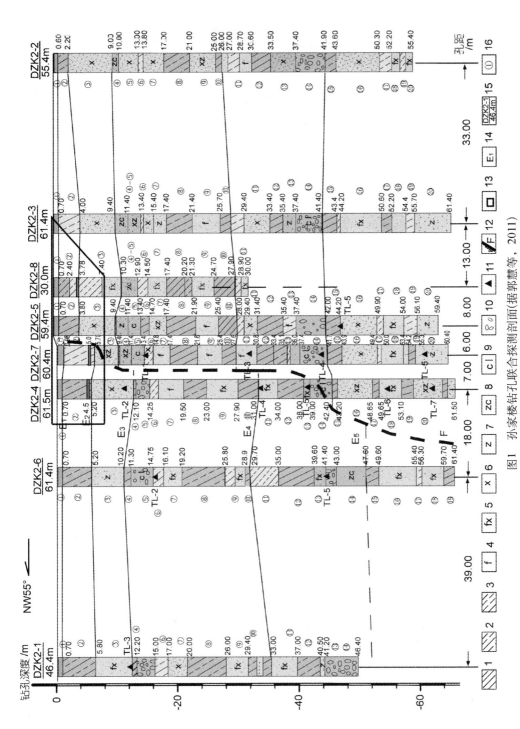

图1　孙家楼钻孔联合探测剖面(据郭慧等，2011)

1、黏土；2、亚黏土；3、亚砂土；4、粉砂；5、粉细砂；6、细砂；7、中砂；8、中粗砂；9、粗砂砾石；10、砾石层；11、断裂带；12、断裂点；13、探槽位置；14、地震事件分期；15、钻孔编号及终孔深度；16、地层编号

　　层②亚砂亚黏土，含钙核；

　　层③细砂夹粉砂，该层 2 个 TL 样品测年结果分别距今(41.62±3.54)ka、(55.59±4.72)ka；

　　层④薄层亚黏土、亚砂土，多数钻孔可见该层；

　　层⑤中粗砂及细砂；

　　层⑥亚砂土，该层 2 个 TL 样品测年结果分别距今(59.05±5.02)ka、(63.25±5.38)ka；

　　层⑦粉细砂，局部中砂；

　　层⑧亚黏土，局部为黏土、亚砂土；

　　层⑨粉细砂，局部中砂；

　　层⑩黏土、亚黏土；

　　层⑪粉细砂，局部亚砂土，该层 2 个 TL 样品测年结果分别距今(79.96±6.79)ka、(92.22±7.84)ka，与上下层位对比，后者的测年结果偏老；

　　层⑫黏土，局部亚砂土；

　　层⑬粉细砂，局部中粗砂，该层 2 个 TL 样品测年结果分别距今(109.47±9.30)ka、(79.58±6.67)ka，与上下层位对比，前者的测年结果偏老；

　　层⑭卵石层，大者直径 5cm，磨圆好，夹亚砂土，该层一个 TL 样品测年结果距今(103.97±8.84)ka；

　　层⑮黏土，局部亚黏亚砂，该层一个 TL 样品测年结果距今(132.94±11.30)ka，与下面层位测年结果对比，该测年结果偏老；

　　层⑯粉细砂，局部中细砂；

　　层⑰亚砂土，局部黏土；

　　层⑱粉细砂，该层一个 TL 样品测年结果距今(114.92±9.77)ka；

　　层⑲亚砂土含淤泥层；

　　层⑳粉细砂、中细砂，该层 2 个 TL 样品测年结果分别距今(126.64±10.76)ka、(117.22±9.96)ka。

　　该钻孔剖面图的 20 层地层以粉细砂为主，含中粗砂，并与亚砂、黏土相间分布，显示了冲积平原沉积。该剖面中各个钻孔的地层岩性大体可相互对比，剖面中的地层近水平分布。但在 DZK2-6 至 DZK2-4、DZK2-4 与 DZK2-7、DZK2-7 与 DZK2-5 之间，下部层位和上部层位均出现向西的落差，显示高角度向西倾斜断层的存在。在该剖面中，层①顶面、层②底界、层③底界、层⑩底界及层⑭底界为该剖面 5 次断层活动事件标志层位(图 1)，其中层①落差由 1976 年唐山地震形成。

　　在该剖面 DZK2-5 孔与 DZK2-7 孔之间，层②底界出现西侧 1.9m 落差，这种落差向东西两侧继续延伸。该测线 DZK2-8 孔于孔深 3.65～3.78m 见到一薄层桔黄色与灰黑色亚砂土的混杂物。在 DZK2-7 孔及 DZK2-4 孔分别于孔深 5m 和 4.3～4.38m 见到该层。考虑到 DZK2-8 孔与 DZK2-7 孔孔口约有 0.5m 的高差，则这两个钻孔之间该薄层 1.85m 的落差与层②底界 1.9m 落差大体吻合。断错层②的断层活动事件为 $E_2$。扣除 1976 年唐山地震该点 0.8m 垂直位移，$E_2$ 事件垂直位移 1.1m。位于 DZK2-7 孔与 DZK2

-4孔之间层③底界、层⑩底界与DZK2-4孔和DZK2-6孔之间层⑭的底界分别出现2.7m、3.4m和5.2m的垂直位移。在扣除其后事件的落差之后，$E_3$事件、$E_4$事件和$E_5$事件的垂直位移分别是0.8m、0.7m和1.8m。$E_1$事件是1976年唐山地震地表变形。$E_2$事件是1976年唐山地震之前的断层活动。因孙家楼测线的探槽剖面另有地层测年，该文后面对孙家楼测线$E_2$事件的年代进行讨论。孙家楼测线$E_3$～$E_5$事件的断错层位年代分别距今55.59～59.05ka、大于79.96ka和103.97～114.92ka。

从图1及上述描述可见，该测线的断面自下而上从DZK2-6孔与DZK2-4孔之间、DZK2-4孔与DZK2-7孔之间及DZK2-7孔与DZK2-5孔之间通过。断面倾向NW，断层倾角约60°。

# 三、槽　　探

开挖穿越活动断裂的槽探是研究古地震的最有效和最重要的方法，可在探槽中发现各种古地震证据、确定古地震事件及位移量、同时采集测年样品。由于地震时地表断裂错动及其空间分布的复杂性，单个或少量探槽常不足以取得完整的古地震序列，因而需要在同一断裂段进行多探槽对比，冉勇康等（1997）在国内最先开展了多探槽和三维探槽的古地震研究。

在古地震研究中，槽探方法主要包括选点布槽、探槽开挖、探槽护壁与清理、探槽记录、取样测年、综合分析古地震事件等几个方面。下面简要介绍这几方面的内容。

**1. 选点布槽**

建立在航卫片判读基础上的断错地貌调查将协助确定探槽开挖地点，将探槽布设在被断错的有新沉积物堆积的晚第四纪地貌面部位。正断层和逆断层应选在断层迹线单一，且断层陡坎前有连续堆积的地段，探槽应垂直其走向；走滑断层则应选在断层束窄、结构简单及晚更新世以来有连续堆积的地段，探槽应采用垂直断层走向和平行断层走向的三维组合探槽。在野外选点布槽除了满足上述要求以外往往还应使其尽量避免村民的祖坟、庄稼地、果树林等地点。最后还应考虑开挖地点的交通是否便利，挖掘机能否抵达等。

**2. 探槽开挖**

在选好的探槽开挖地点，租用挖掘机进行开挖。在挖掘机不能到达的地方只能雇用人工开挖，这样效率较低，所以在交通便利的条件下尽量使用挖掘机开挖。为了使开挖的探槽受力稳定，一般采用"T"形台阶式开挖——即上部开挖深约4～5m，然后在探槽底部四周留出1～1.5m的台阶，接着在中间继续开挖深约4～5m。因此从垂直地表的横剖面看探槽形状似"T"形。

**3. 探槽护壁与清理**

探槽开挖好之后，为了使其安全稳固不垮塌，一般采用木板等对探槽进行护壁支撑。然后自上而下对探槽两壁进行刮壁、清理，使探槽两壁露出平整而新鲜的剖面。接着对散落在探槽里面的碎土进行清运并整平台阶，还应在挖掘机进出的一侧修一条有台阶的通往探槽底部的小道以方便下探槽对其进行观察、记录等。

### 4. 探槽记录

在画探槽两壁的剖面图之前要对探槽进行挂网。一般采取米格网，即网线的水平和垂直间隔均为1m。然后在网线每隔5m或10m的位置贴上彩带做标记，便于画剖面图时快速确定位置。之后就可以按大比例尺(一般取1∶20～1∶50)画探槽两壁的剖面图。画完之后对探槽两壁进行拍照甚至摄像，用于对照记录探槽剖面。

### 5. 取样测年

古地震事件的年龄通过事件断错沉积单元的最靠上部沉积物的年龄及上覆未断错沉积单元最下部沉积物的年龄来加以限制，或通过标志地震事件的断坎前崩积楔下伏最新地层的年代、断塞塘沉积年代加以限制。在画好的探槽剖面图上可以规划取样的位置和数量，并标在图纸上，然后按照图纸上的位置对应实际探槽剖面进行取样。取样时要尽可能采集$^{14}$C样品，其次是光释光或热释光等样品。对采好的样品用胶带封好并对其编号。

### 6. 综合分析古地震事件

根据冉勇康等(1999；2001)建立的一套较为公认的古地震的识别标志，对探槽开挖所揭示的古地震事件进行分析，并结合样品的测年结果综合分析研究可获得古地震事件的时间、期次、同震位移等参数。

下面以唐山市南侧稻地乡孙家楼探槽(图2)为例介绍在探槽中进行古地震事件的综合分析方法。

探槽所在地跨越了孙家楼钻孔测线DZK2-4、DZK2-7、DZK2-5、DZK2-8孔位，DZK2-3孔位位于探槽东端(图1)。该探槽走向NW65°，长35m，上宽7m，下宽1.5m，深6.2m。前面已述，在这4个钻孔中3个钻孔有探槽剖面层⑤桔黄色地层记录，钻孔联合剖面中层②的落差与探槽剖面揭示探槽下部地层的落差量值吻合。孙家楼探槽开挖证实了孙家楼钻孔揭示的断层存在。

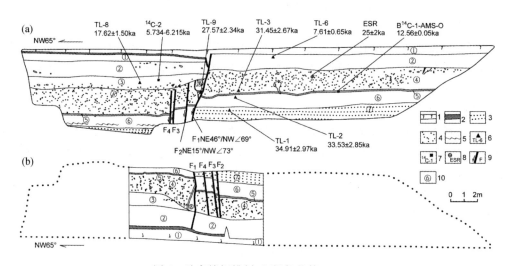

图2　孙家楼探槽剖面(据郭慧等，2011)

(a)探槽北壁；(b)探槽南壁

1. 现今地表；2. 古地面；3. 细砂；4. 含钙质结核亚黏土；5. 潜水层；

6. TL样品测年；7. $^{14}$C样品测年；8. ESR样品测年；9. 断面及编号；10. 地层分层编号

探槽地层分层如下：

层①灰黑色垆土，地表耕植土；局部有黄色砂土块混杂堆积；

层②黄色亚黏土，含 0.5cm 及更小直径钙核；

层③灰黄色亚黏土，不含钙核，含灰褐色黏土团块，该层仅在探槽 NW 段出现，分布在断层下降盘，该层底面在断面附近呈斜坡状分布；

层④灰黄色亚黏土，含大量钙质结核，一般直径 1～3cm；大者 10～15cm；底部含大量微小碳粒；在断层上升盘该层厚 1.8m，在断层下降盘该层厚 2.2m，靠近断面一带含零星黏土团块；

层⑤灰色与桔黄色薄层亚砂土，一般厚 5～7cm，个别地段厚 10cm；

层⑥黄褐色亚砂土，含一层断续出现的灰色薄层亚砂土，厚约 5cm；不含钙核；层中含大量微小碳点或锰点；

层⑦浅黄色细砂，纯净；水平层理清晰；

层⑧灰色亚黏土，靠近断面分布，形状像张裂缝中的充填物；

位于探槽北壁剖面下部中段在 3m 宽度范围内可见到 4 条断面平行展布。其中，东面断面($F_1$)产状 NE46°/NW∠69°，该断面从探槽下部一直向上延伸至探槽顶部，除去现今的地表耕植土外，断面断错所有的地层。其中，该断面 NW 侧层①底界落差 0.7～0.8m；层⑤落差 0.8m。西面 3 条断面($F_2$～$F_4$)的产状为 NE15°/NW∠73°，这 3 条断面只断错探槽下部层⑤～⑦，造成层⑤自东向西错落分布，落差 0.7m。探槽南壁剖面的断错形态与探槽北壁大体相同，也是在 3m 范围内出现了 4 条断面，但该剖面下部的 3 条平行断面($F_2$～$F_4$)不是位于主断面的西侧而是位于主断面的东侧(图 2)。

该探槽南北壁面近地面处，均出现张性开裂，其内充填黑色垆土。探槽北壁的张性开裂位于主断面($F_1$)，探槽南壁张性开裂位于断层上升盘，距离主断面约 2m。此外，位于探槽中部 2 个壁面主断面的下降盘分布有宽约 5cm、近垂向分布的黏土条带。该黏土条带有可能是早期张扭裂隙面(图 2(a)，(b))，断面摩擦将亚黏土变为黏土，也有可能是主断面附近的微裂隙造成的色调差异条带。

探槽剖面中断层带东侧层④厚度约为 1.8m，断层西侧层④厚约 2.2m，两者相差 0.4m。探槽中的层③只在断层西侧出现，厚约 0.4m。即断层西侧较东侧层④增加的厚度加上层③的厚度等于主断面西侧 $F_2$、$F_3$ 断面对层⑤形成的垂直位错。

从上述孙家楼探槽的断错现象，可知该剖面断层曾有 2 次活动。最新一次活动为 1976 年唐山地震($E_1$)。从探槽剖面可见断层西侧层①底面较断层的东侧厚约 0.7～0.8m。在唐山地震发生 30 多年之后，位于断层两侧的地面陡坎已减缓，致使断层西侧昔日地面形成的黑色垆土被其上的混杂地层覆盖。在探槽剖面中，地面之下的张裂楔、主断面的断距均是 1976 年唐山地震活动的结果。

该断层早期活动($E_2$)表现在以下几点。一是该探槽下部层位层⑤的垂直位移是上部层位①、层②垂直位移的 2 倍。根据下部地层断距大于上部地层断距进行事件剥离，必有一次断层活动事件发生在这两套地层之间。此外，断裂带西侧层④加厚、层③出现，层⑤上部地层出现混杂堆积现象，以及 $F_2$～$F_4$ 向上未延伸至层③以上的地层，均与依据断距进行剥离获得的断层活动事件相吻合。即在层④沉积之后断层活动，$F_2$～$F_4$ 及 $F_1$ 西侧近垂直的黏土条带形成,层④及其以下地层发生垂直位错,随后该点又遭受剥蚀堆积了层④上部的混杂堆积及层③。

在该剖面,层⑤与层④顶面的落差大体一样,显示了早一期事件发生在层④之后。层④的 TL 和 ESR 测年结果分别距今(31.45±2.67)ka 和(25±2)ka。层⑤样品$^{14}$C 的 AMS 测年得到年代距今(12.56±0.05)ka。在探槽剖面断层下降盘层④之上的堆积地层应大体反映事件的盖层年龄。层③中灰褐色黏土团块$^{14}$C 测年结果的校正值距今 5.734～6.215ka;TL-8 样品测年结果距今(17.62±1.50)ka。考虑到层③堆积形态得以保留,说明该次断错事件发生的时间并不久远。为此,取该剖面早一期断层活动($E_2$)的时间为距今 5.734～6.215ka 以前。

# 四、结　　语

开挖探槽与钻孔联合剖面探测是古地震研究中常用的手段,一般通过槽探可以获得近 2～3 万年以来的古地震序列;而较老的古地震序列则可通过钻探来实现。钻孔联合剖面探测匹配探槽开挖是获取平原区隐伏活动断裂多次活动地质依据的有效途径。

揭露和识别古地震事件是一项十分复杂的工作,各种知识的理解和运用程度以及古地震遗迹的保存程度直接影响对古地震事件的认定。因此要提倡多探槽和组合探槽的对比研究,以便为古地震事件和位移的确定提供尽可能完整的资料;对古地震资料要进行完整性评价;加强区域古地震研究,注意古地震群发和丛集的特征,注意不同断裂间和不同断层段之间的相互影响,并在这些工作的基础上,更深入地进行大地震重复理论模型的研究。总之,古地震研究今后要更加注意克服其不确定性,保证其完整性,这是古地震学面临的挑战,任何遗漏或多确定一次事件都会带来极大的错误(邓起东,2002)。

## 参 考 文 献

邓起东.1984.断层性状、盆地类型及其形成机制.地震科学研究,(6):51～59.

邓起东,汪一鹏,廖玉华等.1984.断层崖崩积楔及贺兰山山前断裂全新世活动历史.科学通报,(9):557～560.

邓起东,冯先岳,杨晓平等.1994.利用大型探槽研究新疆北天山玛纳斯和吐谷鲁逆断裂—褶皱带全新世古地震.国家地震局地质研究所编.活动断裂研究(3).北京:地震出版社.

邓起东.2002.中国活动构造研究的进展与展望.地质论评,48(2):168～177.

邓起东,闻学泽.2008.活动构造研究——历史、进展与建议.地震地质,30(1):1～30.

郭慧,江娃利,谢新生.2011.钻孔与探槽揭示 1976 年河北唐山 $M_S$7.8 地震发震构造晚第四纪强震活动.中国科学 D 辑,41(7):1009～1028.

江娃利.2001.北京平原夏垫断裂潘各庄钻孔晚更新世晚期以来古地震事件分析.中国地震局科技发展司等编.活动断裂研究·8:理论与应用.北京:地震出版社.

江娃利,侯治华,谢新生.2001.北京平原南口—孙河断裂带昌平旧县探槽古地震事件研究.中国科学 D 辑,31(6):501～509.

江娃利,谢新生.2002.正倾滑活动断裂垂直位移定量研究中相关问题的讨论.地震地质,24(2):177～187.

冉勇康，段瑞涛，邓起东等.1997.海原断裂高湾子地点三维探槽的开挖和古地震研究.地震地质，19
　　(2)：97～106.

冉勇康，邓起东.1999.古地震学研究的历史、现状和发展趋势.科学通报，44(1)：12～20.

冉勇康.2001.华北正断层古地震识别标志及不确定性问题的思考.卢演俦等编，新构造与环境.北京：
　　地震出版社.

谢新生，江娃利，孙昌斌等.2008.山西交城断裂带多个大探槽全新世古地震活动对比研究.地震地质，
　　30(2)：412～430.

徐锡伟，计风桔，于贵华等.2000.用钻孔地层剖面记录恢复古地震序列：河北夏垫断裂古地震研究.
　　地震地质，22(1)：9～19.

张世民，王丹丹，刘旭东等.2008.北京南口—孙河断裂晚第四纪古地震事件的钻孔剖面对比与分析.
　　中国科学 D 辑，38(7)：881～895.

McCalpin J P(ed). 1996. Paleoseismology. Academic Press. 1～588.

Schwartz D P，Coppersmith K J. 1984. Fault behavior and characteristic earthquakes：Examples from the
　　Wasatch and San Andreas Fault zones. J Geophys Res，B89：5681～5698.

Sieh K E. 1978. Pre-historic large earthquake produced by slip on the San Andreas Fault at Pallett Creek，
　　California. J Geophy Res.，83：3907～3939.

Sieh K E，Jahns R H. 1984. Holocene activity of the San Andreas Fault at Wallace Creek，
　　California. Geol. Soc. Am. Bull.，95(8)：883～896.

Yeats R S. 1996. Introduction to special section：Paleoseismology. J. Geophy. Res.，101(B3)：5847～5853.

# Trenching and drilling to detect paleoearthquake events of buried active fault—A case study of the Tangshan fault

## Sun Changbin

(Key Laboratory of Crustal Dynamics，Institute of Crustal Dynamics，CEA，Beijing 100085，China)

Paleoearthquake research has become an important aspect of the development of active tectonics in the last 30 years，and has greatly promoted the development of quantitative active tectonics together with segmentation research on active fault. The paleoearthquake research mainly relies on surface geological investigation，trenching and drilling methods，etc. Based on the summarization of previous paleoearthquake research，and combined with the author's work experience in recent years，this paper briefly introduces the trenching and combined drilling profile methods in the paleoearthquake research. And the Tangshan fault，for example，shows that the combined drilling profile with matching trench excavation is an effective way to obtain paleoearthquake events of the buried active fault in the plain area.

# 断层崩积楔光释光测年适用性研究

## 赵俊香

（中国地震局地壳应力研究所　北京　100085）

**摘　要**　为了探讨断层崩积楔光释光测年的可行性，我们对山西忻定盆地两个探槽（西田探槽和南峪口探槽）的样品进行光释光测年分析，研究得出：对于年轻的样品采用中颗粒（63～90$\mu$m）单片再生法（SAR）定年，利用等效剂量分布直方图和累积频率图来判断其晒退情况，选择晒退较好的样品获得崩积楔的年龄；对于较老的样品采用细颗粒（4～11$\mu$m）简单多片再生法（SMAR），通过密集采样和系统数据综合分析而获得崩积楔的年龄。

# 一、引　言

活断层研究的主要问题之一是确定断层活动历史中突发构造活动事件以及断层最新活动的年代。我们往往无法直接测得其年龄，通常采用测试断层上断点所终止的地层年龄或断层截至层位上覆地层的年龄来判断断层最新活动截止年代。对于断层断至地表的突发构造事件，则采用与断层活动相关的衍生堆积（如断层崩积楔）物质测年来确定构造活动年龄。

对于断层崩积楔相关沉积物的测年，国内外都有过报道：Nelson(1987)对美国西部盆地山脉省正断层的崩积楔研究认为，崩积楔由碎石相和冲刷相组成。碎石相主要为断层自由面上重力剥落和滑塌快速堆积的沉积物；冲刷相为陡坎上沉积物经片流、细小冲沟冲刷缓慢堆积而成的沉积物，其上覆古土壤代表断层活动平静期。光释光方法准确测年的前提是测年物质在埋藏前充分曝光，冲刷相和古土壤经长时间曝光而满足测年条件。Forman et al.(1988)利用热释光方法对美国犹他州 Wasatch 断层陡坎的形成年代分析时认为崩积楔上部冲蚀相及其上覆古土壤由于充分晒退而获得了与[14]C 一致的年龄，从而可以确定古地震事件的上限。McCalpin(1986)对正断层地表位错形成的坎前崩积楔沉积物进行[14]C 测年，认为来自于下覆古土壤（古地形面）和近断层崩积相物质的[14]C 年代最接近断层活动时代。

在国内，也有相关断层崩积楔测年的报道，20 世纪 90 年代光释光方法尚未成熟，前人利用热释光方法来对崩积物断代，如计凤桔等（1995）通过怀来八营探槽崩积物的热释光测年研究，探讨不同岩相崩积物的热释光测年适用性和可信度。赵华等（2001）用细颗粒多测片红外释光（IRSL）和绿光释光（GLSL）测年技术对北京延庆西养房古地震探槽崩积物进行研究。上述两人用两种不同的方法（热释光和光释光）对崩积物定年，得到与 Nelson 和 Forman 比较一致的观点，即崩积楔底部的崩积物为快速堆积物质，其年龄偏老，上部或顶部坡积物为缓慢堆积物质，接受光晒退充分，可以通过对其测年得出断层陡坎的上限年龄。

　　为了解决崩积楔测年问题，我们对山西忻定盆地开挖的南峪口探槽和西田探槽展开工作，分别采用两种不同的测年方法，即中颗粒（63～90μm）单片再生法（SAR）和细颗粒（4～11μm）简单多片再生法（SMAR）进行分析，获得断层崩积楔相对可靠的形成年龄。

# 二、光释光测年方法介绍

　　石英、长石等碎屑矿物光释光（OSL）测年已经被广泛用于各类沉积物年龄测定（Huntley等，1985）。测量等效剂量（DE）传统使用的多测片再生法（Aitken，1985，1998；Wintle，1997）由于测量过程中预热、光晒退、辐照等实验均可能会引起样品的释光感量变化，一般会导致获得的 DE 偏小（Zhou et al.，1995；Wintle，1997；Aitken，1998）。Duller（1991）首次提出了用单测片技术测定 DE 的方法。在此基础上，Murray et al.（2000）提出了单测片再生法（Single-Aliquot Regenerative-dose protocol，SAR），测试流程见表1。即在一个测片上重复辐照、预加热和测量来建立释光剂量生长曲线，并应用试验剂量来校正测量过程中可能发生的释光感量变化。之后，不少学者又对 SAR 流程开展了进一步的实验研究（如 Bailey，2000；Choi et al.，2003a，b；Jacobs et al.，2006；Stokes et al.，2000；Murray et al.，2003）。目前各实验室基本采用 Murray 和 Wintle（2000，2003）提出的实验流程，并用重复性检验、回授检验和剂量恢复试验来检验测年结果的可靠性。

表 1　SAR 法测量流程和测量条件（据 Murray et al.，2000，2003）

| 步骤 | 实验过程和条件 | 说明 |
|---|---|---|
| 1 | 辐照实验室剂量（Di） | i 为循环数，若是天然样品，则 Di＝0Gy |
| 2 | 预加热（260℃，10s） | 去除实验室辐照产生的低温区释光信号 |
| 3 | 蓝光激发 100s（激发温度 125℃），激发功率 80％ | 获得光释光信号 Li（$i=0$ 时为 $L_N$） |
| 4 | 辐照实验室试验剂量（Dt） | 用以校正释光感量变化 |
| 5 | 预加热（220℃，10s） | 去除实验室辐照产生的低温区释光信号 |
| 6 | 蓝光激发 100s（激发温度 125℃） | 获得实验剂量的光释光响应 Ti（$i=0$ 时为 $T_N$） |
| 7 | 辐照实验室剂量（D1） | 重复点的测试，检验仪器的稳定性 |
| 8 | 返回到第一步 | 开始下一个测量循环 |

　　由于 SAR 法是在一个测片上进行重复的辐照、预热和测量来建立再生剂量释光生长曲线，在天然剂量偏大时（例如＞120Gy，王旭龙等，2005；Lu et al.，2007；Wang et al.，2006)获得的 DE 会出现系统的偏小。Murray 等(2003)认为这是由于在反复的测量循环中产生释光信号积累。因此，王旭龙等（2005）提出了简单多测片再生剂量法(Sensi-tivity-corrected multiple aliquot Regenerative-dose protocol，简写为 SMAR)，测试流程见表 2。该法建立在传统多测片再生释光法的基础上，使用多个晒退后的测片辐照不同剂量的再生释光建立生长曲线。但不同的是，该方法引入了试验剂量对所有测片的释光感量变化进行校正，并对测片间的差异(例如质量)进行了归一化，从而获得高精度的测年结果。使用该法对洛川黄土的测年研究结果表明，简单多测片再生法可测定过去 130ka 以来的黄土样品(Wang et al.，2006；Lu et al.，2007)。

**表 2　SMAR 法测量流程和测量条件(据王旭龙等，2005)**

| 步骤 | 实验过程和条件 | 说明 |
|---|---|---|
| 1 | 晒退 8 个测片，辐照不同实验室再生剂量 | 用 $SOL_2$ 晒退 15min，使天然释光信号归零 |
| 2 | 天然(8－10 个测片)以及再生剂量测片(8 个测片)均预热 (PH1) 260℃，时间 10s | 去除实验室辐照产生的低温区释光信号 |
| 3 | 蓝光激发 100s(激发温度 125℃)，激发功率 80% | 获得天然/再生剂量光释光信号 |
| 4 | 辐照实验室试验剂量(Dt) | 用以校正释光感量变化 |
| 5 | 预加热(220℃，10s) | 去除实验室辐照产生的低温区释光信号 |
| 6 | 蓝光激发 100s(激发温度 125℃) | 获得实验剂量的光释光响应 Ti ($i=0$ 时为 $T_N$) |

# 三、崩积楔测年方法适用性

影响崩积楔测年的主要问题在于，物质堆积过程是否经历了充分的光晒退作用以及晒退程度如何，进而评估测年结果的可靠性。我们可以利用等效剂量直方图和累积频率图来获得样品的晒退程度。对于同一个样品，晒退程度相同或相近的测片在等效剂量直方分布图上为近似的正态分布，其累积频率曲线图为近似线性上升曲线，且晒退程度越相近，斜率越大。如果晒退不均匀，在等效剂量直方图上将有多个正态分布峰，累积频率图上会有多个线性上升段，在不同段区间会有间断。图 1 所示为山西忻定盆地西田探槽崩积楔中 4 个样品的等效剂量分布直方图和累积频率曲线图，样品测年方法采用中颗粒(63～90$\mu$m)单片再生法(SAR)，从图中可见，08－OSL－24 最好，其次为 08－OSL－25 和 08－OSL－22，而 08－OSL－26 晒退最差。可以选择晒退较好的样品来获得崩积楔的形成年龄。

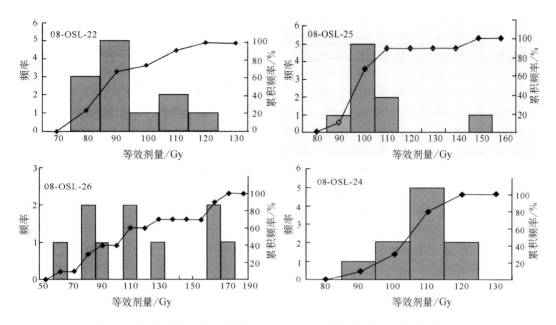

图1 西田探槽样品等效剂量分布直方图和累积频率(据赵俊香等，2011)

　　此外，我们对山西忻定盆地南峪口探槽崩积楔不同部位的样品也进行系统密集采样，室内初步分析结果显示样品以细颗粒组份为主，崩积楔靠近剖面底部，年龄较老，而单片再生法只能测等效剂量＜120Gy的样品年龄(王旭龙等，2005)，假设环境剂量为3Gy/ka，那么单片再生法只能获得40ka以来的年龄。我们采用细颗粒(4～11$\mu$m)组分进行堆积物测年实验。由于细颗粒测片上样品数目较多，无法判断样品的晒退情况。因而我们在先前的工作基础上(赵俊香等，2009)，对样品位置及年龄(图2)进行数据分析，并绘制年龄等值线(图3，等值线区域对应于图2中矩形框内部分)。由图可见，等值线呈楔形分布，与崩积楔实际堆积形态基本一致，由此可获得崩积楔的形态特征。此外，靠近断层处样品年龄较老，远离断层或崩积楔顶部年龄较新。在等值线核心部分从下到上年龄分布呈现新老交替的层状分布，其分布特征与崩积楔堆积过程有关。因为一个完整的崩积楔从开始崩积物崩落到最终形成往往经历相当长时间，在此期间必定包含了快速堆积和缓慢堆积过程。在快速堆积过程中由于样品晒退较差，残留了部分释光信号，样品年龄较老，缓慢堆积过程样品晒退较好，释光信号基本归零；样品的年龄较新，由于物源不变，堆积速率变化将会导致年龄新老交替。

　　由此可见，对于崩积楔的形成年龄，如果近断层处的样品晒退充分，那么它所代表的年龄应该更接近断层年龄。很明显，该部位样品晒退不充分，年龄较老，不能代表断层活动年龄。上覆坡积物在断层活动后一段时间才堆积，其年龄比断层活动年龄要新，也无法代表断层活动年龄。从崩积楔年龄等值线图上可以看出，远离断层并靠近坡积物处的年龄可能比其他部位的样品年龄更接近断层活动的年龄。

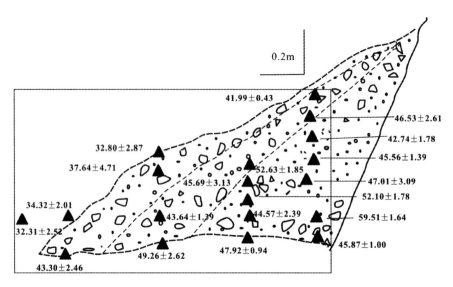

图 2　南峪口探槽崩积楔剖面及年龄（单位均为 ka；赵俊香等，2009）

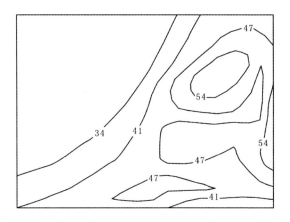

图 3　南峪口探槽崩积楔年龄等值线图（数字单位均为 ka）

# 四、讨论和结论

通过对山西忻定盆地西田探槽和南峪口探槽崩积楔样品的分析，获得以下认识：

（1）对于较年轻的崩积楔，可以优先采用单片再生法（SAR），在崩积楔不同部位密集采样，用等效剂量直方图和累积频率图来判断其晒退情况，如果等效剂量频率图成近似正态分布，累积频率图上不间断，则说明其晒退均匀，可以获得崩积楔的相对可靠的年龄。如果崩积层的样品晒退不均匀，则需要选择晒退相对较好的测片，剔除晒退较差的样品，然后利用单片再生法的累积频率法获得崩积楔的相对可靠的年龄。

（2）对于较老的崩积楔，可以采用细颗粒简单多片再生法，由于细颗粒组分复杂，且测片上样品颗粒较多，无法利用等效剂量直方图和累积频率图来判断其晒退情况。但是可以在崩积楔不同部位系统密集采样，根据样品年龄和采样位置获得崩积楔样品的年龄等值线图，根据等值线图可以获得崩积楔的大致年龄。该方法比利用下伏古地形面和上覆坡积物的年龄给出古地震事件的上限和下限要相对精确、可靠。同时，数据分析体现复杂的堆积过程，不同部位样品的年龄新老交替反映了崩积楔堆积过程和堆积速率的变化。

（3）以上方法同样适用于其它晒退不充分、与崩积楔堆积过程类似的沉积物，如堰塞堆积或破裂充填堆积、冲洪积物、冰积物等沉积物定年。

（4）要想获得某种类型沉积物的准确年龄，首先选择适合该类型沉积物的定年方法，另外，要系统密集采样，单单靠零星的几个年龄是无法获得其可靠年龄的。

## 参 考 文 献

计凤桔，李建平. 1995. 崩积物的热释光测年研究. 核技术，18(8)：473～475.

王旭龙，卢演俦，李晓妮. 2005. 细颗粒石英光释光测年：简单多片再生法. 地震地质，27(4)：615～623.

赵华，Prescott J R，卢演俦等. 2001. 北京延庆断层崩积物记录的古地震事件释光测年研究. 中国地震，17(2)：176～186.

赵俊香，任俊杰，于慎谔等. 2009. 山西忻定盆地断层崩积楔 OSL 年龄及其对古地震事件的指示意义. 现代地质，23(6)：1022～1029.

赵俊香，任俊杰，于慎谔等. 2011. 断层崩积楔单片再生法光释光测年：以山西忻定盆地西田探槽为例. 现代地质，25(2)：356～362.

Aitken M J. 1985. Thermoluminescence dating. London：Academic Press.

Aitken M J. 1998. An introduction to optical dating. Oxford University Press.

Bailey R M. 2000. Circumventing possible inaccuracies of the single aliquot regeneration method for the optical dating of quartz. Radiat Meas，32：833～840.

Choi J H，Murray A S，Cheong C S et al. 2003b. The resolution of stratigraphic inconsistency in the luminescence ages of marine terrace sediments from Korea. Quat Sci Rev，22：1201～1206.

Choi J H，Murray A S，Jain M et al. 2003a. Luminescence dating of well-sorted marine terrace sediments on the southeastern coast of Korea. Quat Sci Rev，22：407～421.

Duller G A T. 1991. Equivalent dose determination using single aliquots. Nuclear Tracks Radiation Measurement，18：371～378.

Forman S L，Jackson M E，McCalpin. 1988. The potential of using thermoluminescence to date buried soils in colluvial and fluvial sediments from Utah and Colorado，U. S. A. ：Preliminary Results. Quaternary Science Reviews，7(3/4)：68～77.

Huntley D J，Godfrey-Smith D I，Thewalt M L W. 1985. Optical dating of sediments. Nature，313：521～524.

Jacobs Z，Duller G A T，Wintle A G. 2006. Interpretation of single grain De distributions and calculation of De. Radiation Measurements 41：264～277.

Lu Y C，Wang X L，Wintle A G. 2007. A new OSL chronology for dust accumulation in the last 130，000 years for the Chinese Loess Plateau. Quaternary Research，67：152～160.

Murray A S，Wintle A G. 2003. The single aliquot regenerative dose protocol：potential for improvements in reliability. Radiat. Meas，37：377～381.

Murray A S，Wintle A G. 2000. Luminescence dating of quartz using an improved single-aliquot regenerative-dose protocol. Radiat. Meas，32：57～73.

Nelson A P. 1987. A facies model of colluvial sedimentation adjacent to a single-event normal fault scarp，Basin and Range Province，Western United States，Directions in paleoseismology. U. S. Geol. Surv. Open-File Rep，136～145.

Stokes S，Colls A E L，Fattahi M，et al. 2000. Investigations of the performance of quartz single aliquot DE determination procedures. Radiat Meas，32：585～594.

Wang X L，Lu Y C，Zhao H. 2006. On the performances of the single-aliquot regenerative-dose（SAR）protocol for Chinese loess：fine quartz and polymineral grains. Radiation Measurements，41：1～8.

Wintle A G. 1997. Luminescence dating：laboratory procedures and protocols. Radiat Meas，27：769～817.

Zhou L P，Dodonov A E，Shackleton N J. 1995. Thermoluminescence dating of the Orkutsay loess section in Tashkent region，Uzbekistan，Central Asia. Quaternary Science Reviews，14：721～730.

# OSL dating of fault collapse wedge

## Zhao Junxiang

(Institute of Crustal Dynamics，CEA，Beijing 100085，China)

In order to investigate the applicability of OSL dating for samples from fault collapse wedge，optical stimulated luminescence（OSL）method is used to date the samples collected from Nanyukou and Xitian trench in Xinding Basin. The results show that middle-grain （63－90$\mu$m）single-aliquot regenerative-dose（SAR）protocol can be used to date young samples. The equivalent dose distribution and cumulation frequency of samples are applied to detect the degree of OSL signal bleaching. The formation age of fault collapse wedge can be derived from the samples bleached well. Fine grain （4－11$\mu$m）quartz Sensitivity-corrected multiple aliquot Regeneractive-dose（SMAR）protocol can be used to date old samples. The formation ages of fault collapse wedge can be got by analyzing intensive samples systematically and synthetically.

# 释光测年综述

## 赵俊香

（中国地震局地壳应力研究所　北京　100085）

**摘　要**　释光技术应用于第四纪沉积物测年已有几十年的历史，本文介绍了释光测年的基本原理，以及近年来发展的最新释光测年技术。

## 一、前　　言

释光是硅酸盐矿物晶体接受电离辐射作用积累起来的能量在受热或光激发时重新以光的形式释放出能量的一种物理现象。受热激发称为热释光（Thermoluminescence 简写TL），受光激发称为光释光（Optically stimulated luminescence 简写OSL）。释光定年就是矿物自上次热事件或曝光事件后埋藏至今所经历的时间。当陶器被烧制或沉积物在沉积前暴露在阳光下时，其释光信号被去除，即释光时钟回零。当其被埋藏后受电离辐射的影响，TL 或 OSL 信号重新聚集。释光测年建立在矿物的释光信号强度与矿物所吸收的电离辐射剂量的时间函数关系上，当矿物晶体的释光信号具有足够高的热稳定性和矿物晶体基本上处于恒定的电离辐射场。矿物晶体的释光年龄可简要地表示为：

$$年龄（A）＝等效剂量（DE）/环境剂量率（D）$$

等效剂量（$D_E$）又称古剂量（P），即被测样品产生天然积存释光所需要的辐射剂量（单位 Gy），可通过矿物释光强度及其对核辐射剂量响应程度的实验测量来确定；环境剂量率（D，单位 Gy/ka）是被测矿物单位时间内吸收周围环境中$^{238}$U、$^{232}$Th 及其衰变链产生的 $\alpha$、$\beta$ 和 $\gamma$ 辐射剂量和$^{40}$K 产生的 $\beta$ 和 $\gamma$ 辐射剂量，以及宇宙射线提供的少量辐射剂量。因此，释光测年的矿物必须满足以下基本条件：①被测矿物在沉积埋藏时矿物的释光信号归零；②被测矿物的释光信号具有很好的热稳定性，即在常温下不发生衰减；③被测矿物被埋藏后处于恒定或基本恒定的环境辐射场中，接受的环境剂量率为常数。

## 二、释光发展历史

20 世纪 60 年代早期人们发现释光现象，开始利用释光现象对有过加热历史的考古样品定年，渐渐转向对第四纪沉积物的定年。1965 年就报道了有关沉积物的热释光测年结果（Shelkoplyas V N et al.，1965）。1979 年 Wintle 和 Huntley(1979a，1979b)发现石英等矿物热释光信号的光晒退现象，证明了石英、长石等矿物晶体内存在光敏和非光敏陷阱，并探索用热释光测定沉积物的沉积年龄，80 年代以后热释光技术开始真正应用于沉积物(如黄土、沙丘砂等)定年(Wintle and Huntley，1982；Aitken，1985)，Lu 等人认为热释光方法可以有效地确定末次间冰期以来的中国黄土-古土壤的沉积年龄(Lu et al.，1988a，b)。最近几年，也有关于热释光年龄在古地震事件应用方面的报道(孙昌斌等，2011；郭慧等，2011)，但基本都是对于晒退较好的沉积物测年。对于晒退较差的沉积物，由于受残留的释光信号的影响，其年龄往往会出现低估。

光释光测年是在热释光测年研究基础上发展起来的第四纪沉积物测年技术。1982 年 Wintle 和 Huntley(1982)在讨论搬运和沉积过程中碎屑矿物 TL 信号晒退机制时，就曾设想矿物晶体中存在光敏陷阱(light sensitive trap)和非光敏陷阱(light non-sensitive trap)。1985 年 Huntley 等人(1985)首次报道了矿物的光释光现象并将其应用于沉积物定年。1987 年在英国剑桥举行的第五次国际热释光(TL)与电子自旋共振(ESR)测年学术讨论会上开设了光释光测年专题，1996 年在澳大利亚堪培拉举行的第八次释光与电子自旋共振测年学术讨论会上，有关光释光测年技术的文章约占 60%。

光释光技术的提出，对测定阳光晒退的沉积物(如风成黄土和风成沙)的年代是一个新的突破。1988 年 Hütt 等人(1988)用红外光束(860~930nm)激发钾长石时，获得了稳定的光释光信号，于是提出长石红外释光(IRSL)测年技术，也将该技术用于沉积物测年。

90 年代以前，光释光的研究主要是采用多片技术，Duller 等人(1991，1995)和 Galloway 等人(1996)初步实现了长石的单测片技术。Murray 等人(1998，2000，2003)建立并完善了粗颗粒石英单片再生法(SAR)测年技术。成功利用试验剂量的 OSL 信号响应来校正测量过程中的感量变化，极大提高了释光测年准确度和精度，自沉积物 OSL 测年技术提出后，石英和长石的 OSL 信号比 TL 信号晒退速率远快得多(Godfrey-Smith et al，1988；Berger，1990)，残留的释光信号对年龄的影响也比较小，TL 测年技术逐渐被 OSL 测年技术所取代。随着沉积物释光测年方法和技术的发展，沉积物释光测年范围从千年到十几万年发展到百年到几十万年甚至上百万年，测年的准确度和精度也日益提高(Aitken，1985，1998；Clarke et al.，1999；Prescott 等人，1997；Murray 等人，2000，2003；Wintle 等人，1997，2006)。目前释光技术已应用于几乎所有的第四纪，尤其晚第四纪沉积物定年，对于一些缺少有机碳和年代大于 4 万年的沉积物样品，光释光发挥了其特有的优势。

# 三、光释光等效剂量测试方法

等效剂量即矿物质(石英、长石等)自经历最后一次热事件或光晒退(即回零)以来所积累的能量。准确地测定等效剂量值是释光测年的最关键环节。等效剂量的测量方法有很多，下面重点介绍一下常用的三种光释光测年方法：单片再生法、简单多片再生法和单颗粒技术。

## 1. 单片再生法

本世纪以前采用的多是多测片技术，即获取等效剂量值，需要制备 20 个以上的测片，称之为多片技术，如附加剂量法(additive dose method)、再生剂量法(regeneration method)、澳大利亚滑移法（Australian slide method）。这些传统的多测片的缺陷在于无法克服各个测片间由于质量分散、感量变化、生长曲线拟合、测片间释光信号不均匀等不确定因素对测年结果的影响。因此 1991 年单片技术提出并很快兴起（Duller，1991，1994，1995；Murray et al.，1998），尤其是 Murray 等人（2000）提出的石英单片再生剂量（Single Aliquot Regenerative-dose，SAR）技术被广泛应用于沉积物释光测年。

单片技术是在一个测片上反复进行热处理、实验室辐照、测量，这样势必会导致样品释光感量的变化，于是，Murray 等人（2000，2003）提出单片再生剂量法（Single Aliquot Regenerative-dose，SAR）中引用一小的试验剂量（test dose）来检测和校正天然和再生光释光信号感量变化。利用校正后的释光信号强度建立释光剂量生长曲线，获得天然样品的等效剂量。

SAR 法的优点在于：①精确度大大提高。所有的测量都在一个测片上进行，不需要进行质量归一化，减少了测量中的系统误差；②采用单片技术可以使预热、晒退作用、辐照和光释光测量等步骤在同一个自动化系统中完成，提高了工作效率，也减少了人为因素的干扰；③样片需求量少。用一个样片测定等效剂量，这对于珍贵的考古样品来说极为重要。

**2. 简单多片再生法**

由于 SAR 法是在一个测片上进行重复的辐照、预热和测量来建立再生剂量释光生长曲线，SAR 法在天然剂量偏大时，获得的等效剂量值会出现系统地偏小，例如当等效剂量＞150Gy 时，SAR 法获得的等效剂量将被低估 8%～14%（王旭龙，2005a；Lu et al.，2007；Wang et al.，2006a）。Murray 等人（2003）认为这是由于在反复的测量循环中产生释光信号积累。为解决这个问题，王旭龙（2005a）在对中国洛川黄土中提取出的细颗粒（4～11μm）组分的大量释光测年实验研究中，提出了一种新的等效剂量测量方法，即简单多测片再生法或者称感量校正多测片再生法（Sensitivity-corrected multiple aliquot Regenerative-dose（MAR）protocol，简写为 SMAR）。该法在传统多测片再生释光法的基础上，引入试验剂量对所有测片的释光感量变化进行校正，实际上试验剂量应用的更重要意义在于对各个测片进行剂量归一化（王旭龙等，2005a；2005b）。该法使用多个晒退后的测片辐照不同剂量的再生释光，使用试验剂量的 OSL 响应对实验过程中的感量变化进行校正，同时测片间的差异（例如质量）也被试验剂量的 OSL 响应进行归一化，以校正后的相对再生释光信号强度建立剂量响应曲线，从而获得高精度的测年结果。

SAR 普遍用于粗颗粒，对于缺乏＜90μm 粗颗粒矿物的黄土类型沉积物，可以选择 4～11μm 细颗粒组分 SMAR 法测年，而且 SMAR 法解决了 SAR 法的等效剂量低估的问题，拓宽了测年范围。SMAR 法简单、快捷，大大缩短了测年时间，提高了仪器效率。使用该法对洛川黄土样品中提取出的细颗粒纯石英样品测年研究结果表明，至 130ka 都与已知年龄有很好的一致性（Wang et al.，2006；Lu et al.，2007）。

**3. 单颗粒 SAR 法**

Murray 等人（1997）已论证使用传统释光测量系统进行单颗粒测量的可行性，但即使是同一个样品中的不同石英颗粒对相同实验室剂量的 OSL 信号强度也可以相差甚至 4 个数量级，由于 75% 的释光信号实际上来自于 1%～2% 的颗粒（Duller et al.，2000）。对单颗粒进行测量需要对测量系统进行特殊的设计以便对大量的颗粒进行释光测量并寻找到"亮"的颗粒(Duller et al.，1997；McCoy et al.，2000)。附带有固态聚焦激光 LED 的测量系统(Bøtter-Jensen et al.，2000)使单颗粒技术实用性地运用在释光测年实验中。在该系统中，将一个直径为 1cm 的载样铝片表面上精密地钻出一个个等间距的 10 行×10 列的孔洞组，每个孔洞直径为 300$\mu m$，矿物颗粒置于这些孔洞中。测量时，采用精确定位系统将固态聚焦激光二极管光束准确地照射在下方孔洞的颗粒上，但不会影响其他孔洞中的颗粒。作为单测片的一种极端形式，对每个颗粒 DE 值的测量同样使用 SAR 法(Duller et al.，2000)。获得若干颗粒的 DE 值后，使用类似单测片 DE 值的概率分布的方式进行分析，获得最合适的结果。

单颗粒 SAR 法一方面可进行重复性检验，通过取均值进一步提高测年精确度；另一方面也为快速堆积的沉积物年代测定提供了可能性(如冲洪积物、崩积物、冰积物等不均匀晒退的沉积物)。通过测定许多单颗粒矿物的等效剂量，可从样品的不均匀晒退的矿物颗粒中检测出完全晒退的矿物颗粒，从而准确测定其沉积年代。

## 四、环境剂量率的测试方法

准确测定环境剂量率是释光测年中的另一关键环节，如何准确测定沉积物中石英或长石等矿物在地质时期所接受的环境剂量率(环境辐射剂量率)，关系到沉积物光释光测年准确性的问题。放射性元素主要是铀、钍、钾。对于铀和钍的含量，通常用化学分析、$\alpha$ 计数以及 $\gamma$ 能谱分析三种方法求算。测量环境剂量率的方法较多，可分为直接测量法(用 $\alpha$-$Al_2O_3$：C；$CaSO_4$：Dy；CaF：Dy 等剂量片来直接测定 $\alpha$、$\beta$、$\gamma$ 环境剂量率)和间接测量法(测量样品的 U、Th、K 等放射性核素含量或 $\alpha$、$\beta$、$\gamma$ 计数)。大多数实验室通常是采集样品后在室内通过测量样品中 U、Th 和 K 的含量用一定的换算关系确定的，同时考虑了样品的含水量和宇宙射线的影响。实验室测量样品放射性核素含量的常用方法有：①中子活化分析法(NAA)，用于 Th、U、K 和 Rb 含量的测量；②厚源 ZnS Alpha 计数仪法，用于 Th、U 含量的测量；③火焰光度计法，用于 K 含量的测量；④高纯锗 Gamma 谱仪法，用于 U、Th、K 含量的测量，可监测被测样品的放射性衰变是否平衡。

## 五、适合于释光测年的沉积物及测年范围

释光测年虽然只有短短几十年的历史，但已显示出巨大的潜力。其最大特点就是可测定沉积物的年代，同时用于测年的样品是含石英、长石等矿物的沉积物，容易满足。

释光测年方法出现以后，逐渐成为黄土测年的主要方法，尤其是针对末次间冰期以来形成的黄土和古土壤，用释光测年最为理想。至于 [14]C 等方法，由于黄土中物质成分的局限和测年时限的影响，很难对黄土剖面进行系统的精确定年。

适合于释光测年的沉积物有：①风沙沉积物(如，沙丘砂、海滨砂堤砂)；②大气粉尘

堆积物（黄土）；③含粉-细砂的火山烘烤层；④长距离水搬运的粉-细砂沉积物（如，层理清晰和分选良好的河流相、浅海和滨海相、湖相粉-细砂或泥质粉-细砂）。此外，含大量大气粉尘的洪积或坡积物、泥石流堆积物也有可能做光释光测年。Murray 等人（2002）对风成、河流和深海沉积物的释光年龄与其他方法年龄进行对比发现，风成沉积物的释光年龄与其他方法所测年龄吻合最好，河流和深海沉积物不如风成沉积物，并且当样品年龄相对越年轻或越老时，对比结果也相差越大。对于河流和深海沉积物，释光信号存在不完全晒退的现象，因此采用单颗粒等效剂量法，获得样品众多颗粒等效剂量的分布，选取最小等效剂量为可靠的等效剂量数值。Stokes S 等（2003）采用该方法获得的年龄与同层位的$^{14}$C 年龄吻合，因此，对于晒退不充分的样品，其单颗粒 SAR 法是首选方法。

释光测年范围为距今 100～150000 年，也可能达距今约 100 万年，这取决于矿物（如石英）释光信号对环境剂量响应的饱和程度、信号热稳定性和环境剂量率。

# 六、结　　论

沉积物释光测年近年来迅速发展，在等效剂量测量方式上，SAR 法和 SMAR 法的提出及发展极大地提高了沉积物释光测年的精度和准确度；单颗粒技术的出现和发展有助于更准确测定快速堆积的沉积物的年代，有利于活动构造和古地震事件的确定。不同类型的沉积物由于其沉积过程不同，晒退程度也有所不同，对于晒退较好的沉积物，可以选择任何一种测年方法，而对于晒退不好的沉积物，应该优先使用单颗粒技术。

## 参 考 文 献

王旭龙，卢演俦，李晓妮. 2005a. 细颗粒石英光释光测年：简单多片再生法. 地震地质，27(4)：615～623.

王旭龙，卢演俦，李晓妮. 2005b. 黄土细颗粒单测片再生法光释光测年的进展. 核技术，28(5)：383～387.

孙昌斌，谢新生，许建红等. 2011. 罗云山山前断裂待阶地调查研究及其构造意义. 中国地震，27(2)：126～135.

郭慧，江娃利，谢新生. 2011. 钻孔与探槽揭示 1976 年河北唐山 $M_S$7.8 地震发震构造晚第四纪强震活动特征. 中国科学：地球科学，41：1009～1028.

Aitken M J. 1985. Thermoluminescene Dating，London：Academic Press.

Aitken M J. 1998. An Introduction to Optical dating，London：OXFORD University Press.

Berger G W. 1990. Effectiveness of natural zeroing of the thermoluminescence in sediments. Journal of Geophyscial Research，95(B8)：12375～12397.

Bøtter-Jensen L，Bulur E，Duller G A T. 2000. Advances in luminescence instrument systems. Radiation Measurements，32：523～528.

Clarke M L，Rendell H M，Wintle A G. 1999. Quality assurance in luminescence dating，Geomorphology 29：173～185.

Duller G A T. 1991. Equivalent dose determination using single aliquots. Nuclear Tracks and Radiaton Measurements，18：371～378.

Duller G A T. 1994. Luminescene dating using single aliquots: new procedures. Quaternary Scinence Reviews，13：149～156.

Duller，G A T. 1995. Luminescene dating using single aliquot: methods and applications. Radiation Measurements，24：217～226.

Duller G A T. 1997. Behavioural studies of stimulated luminescence from feldspars. Radiat. Meas，27：663～694.

Duller G A T，Botter-Jensen L，Murray A S. 2000. Optical dating of single sand-sized grains of quartz: sources of variability. Radiat. Meas. ，32：453～457.

Galloway R B. 1996. Equivalent dose determination using only one sample: alternative analysis of data obtained from infrared stimulation of feldspars. Radiation Measurements，26：103～106.

Huntley D J，Godfrey-Smith D I，Thewall M L W. 1985. Optical dating of Sediments. Nature，(313)：105～107.

Godfrey-Smith D I，Huntley D J，Chen W H. 1988. Optical dating studies of quartz and feldspar sediment extracts. Quaternary Science Reviews，7：373～380.

Hutt G，Jaek I，Tchonka J. 1988. Optical dating: K-feldspars optical response stimulation spectra. Quaternary Science Reviews，7：381～385.

Lu Y C，Zhang J Z，Xie J. 1988a. Thermoluminescence dating of loess and paleosols from the lantian section，Shaanxi Province，China. Quaternary Science Reviess，7：245～250.

Lu Yanchou，J R Prescott，Hutton J T. 1988b. Sunlight bleaching of the thermoluminescence of Chinese loess. Quaternary Science Reviews，7：335～338.

Lu Y C，Wang X L，Wintle A G. 2007. A new OSL chronology for dust accumulation in the last 130，000 years for the Chinese Loess Plateau. Quaternary Research，67：152～160.

McCoy D G，Prescott J R，Nation R J. 2000. Some aspects of single-grain luminescence dating. Radiation Measurements，32：859～864.

Murray A S，Roberts R G. Wintle A. G. 1997. Equivalent dose measurement using a single aliquot protocol. Radiation Measurements，27：171～184.

Murray，Roberts. 1998. Measurement of the equivalent dose in quartz using a regenerative-dose single-aliquot protocol. Radiation Measurements，29：503～515.

Murray A S，Wintle A G. ，2000. Luminescene dating of quartz using an improved single-aliquot regenerative-dose protocol. Radiat. Meas，32：57～73.

Murray A S，Olley J M. 2002. Precision and accuracy in the optically stimulated luminescence dating of sedimentary quartz: a staus review. Geochronometria，21：1～16.

Murray A S，Wintle A G. 2003. The single aliquot regenerative dose protocol: potential for improvements in reliability. Radiat. Meas. ，37：377～381.

Prescott J R，Robertson G B. 1997. Sediment dating by luminescence: a review. Radiation Measurements，27：893～922.

Shelkoplyas V N，Morozov G V. 1965. In materials on the Quaternary Period of the Ukraine，7th International Quaternary Association Congress Kiev，83～90.

Stokes S，Ingram S，Aitken M J，et al. 2003. Alternative chronologies for late Quaternary(Last Interglacial Holocece) deep sea sediment via optical dating of silt-size quartz，Quaternary. Science Reviews，22：925～941.

Wang X L，Lu Y C，Zhao H. 2006. On the performances of the single-aliquot regenerative-dose (SAR) protocol for Chinese loess: fine quartz and polymineral grains. Radiation Measurements，41: 1～8.

Wintle A G，Huntley D J. 1979a. Thermoluminescene dating of a deep-sea sediment core. Nature，279: 710～712.

Wintle A G，Huntley D J. 1979b. Thermoluminescene dating of sedments. Quaternary Science Reviews，(1): 31～53.

Wintle A G，Huntley D J. 1982. Thermoluminescence dating of sediments. Quaternary Science Reviews，(1): 31～53.

Wintle A G，Murray A S. 1997. The relationship between quartz thermoluminescence，photo-transferred thermoluminescence and optically stimulated luminescence. Radiat. Meas，27: 611～624.

Wintle A G，Murray A S. 2006. A review of quartz optically stimulated luminescence characteristics and their relevance in single-aliquot regeneration dating protocols. Radiation Measurements，41: 369～391.

# Review of Luminescence dating

## Zhao Junxiang

(Institute of Crustal Dynamics，CEA，Beijing 100085)

In the past decades，the luminescence technique has been developed into the major dating tools for Quaternary sediments. In this review we introduce the basic principles and the latest developments of luminescence dating technique.